交通土建研究生工程计算实训系列教材

岩土工程
数值计算及工程应用

杨涛 冯君 肖清华 杨兵 毛坚强 / 编著

西南交通大学出版社

· 成 都 ·

图书在版编目（CIP）数据

岩土工程数值计算及工程应用 / 杨涛等编著. 一成
都：西南交通大学出版社，2021.7
交通土建研究生工程计算实训系列教材
ISBN 978-7-5643-8083-0

Ⅰ. ①岩… Ⅱ. ①杨… Ⅲ. ①岩土工程－数值方法－
研究生－教材 Ⅳ. ①TU45

中国版本图书馆 CIP 数据核字（2021）第 125405 号

交通土建研究生工程计算实训系列教材
YANTU GONGCHENG SHUZHI JISUAN JI GONGCHENG YINGYONG

岩土工程数值计算及工程应用

杨 涛 冯 君 肖清华 杨 兵 毛坚强 **编著**

责任编辑	韩洪黎
封面设计	墨创文化

出版发行	西南交通大学出版社
	（四川省成都市金牛区二环路北一段 111 号
	西南交通大学创新大厦 21 楼）
邮政编码	610031
发行部电话	028-87600564　028-87600533
网址	http://www.xnjdcbs.com
印刷	四川煤田地质制图印刷厂

成品尺寸	185 mm×260 mm
印张	13.5
字数	288 千
版次	2021 年 7 月第 1 版
印次	2021 年 7 月第 1 次
定价	68.00 元
书号	ISBN 978-7-5643-8083-0

前　言

  岩土介质具有显著的非线性、非均匀性、各向异性等特点，岩土工程对象的几何边界和荷载条件极其复杂，由此形成的岩土工程问题往往难以通过解析方法获得解答。随着计算机科学的进步，各种适合解决复杂岩土工程问题的数值方法得到了快速发展。熟练运用数值计算方法已逐渐成为当前研究生科研工作的基本要求。

  目前市场上各种数值软件的学习资料较为丰富，学生很容易通过自学获得软件使用的基本能力，但是仅仅具备基本的软件使用能力是不够的，对复杂岩土工程问题的正确求解分析还依赖于对岩土工程专业知识的掌握，以及专业知识与软件应用的有机结合，并逐渐积累丰富的使用技巧。本书就是基于这样的认识编写的，书中凝聚了编者大量的实用技巧，可以作为岩土工程专业数值方法学习的高阶应用教程。

  本书通过对经典工程案例的详细数值模拟分析过程介绍，以及不同计算软件的计算结果比较，让读者了解数值方法中常用本构模型的理论基础及其应用范围，掌握岩土工程中各类对象的研究目的、分析思路、计算流程、结果表述等，熟悉各种软件的优缺点及关键计算环节。通过本课程的学习，读者可培养其对岩土工程数值计算的兴趣，具备一定由实际工程问题概化提炼计算模型并进行数值计算、获得问题解答的能力。

  本书第 1 章、第 2 章由毛坚强编写，第 3 章由杨涛编写，第 4 章由杨涛、冯君、杨兵、肖清华共同编写，第 5 章由杨兵编写，第 6 章由肖清华编写。

  限于编者水平，不妥之处在所难免，恳请读者批评指正。

编　者

2020 年 12 月

目 录

第4章　一般静力问题

第5章　渗流问题

第6章　动力问题

参考文献

第1章 绪 论

1.1 岩土工程数值计算方法概述

确定各种外界因素作用下岩土体及岩土结构的力学行为是岩土工程的主要研究内容。同其他各科学技术领域一样，试验及计算是解决岩土工程问题的主要手段。

自然界中的岩土体为不连续介质，其中土还是由颗粒、水、气体组成的三相体。如何模拟性质复杂的岩土体及其作用，是解决岩土工程问题的关键。在实际计算中，对岩土体的概化大致有以下几种方法：

（1）将岩土体的作用简化为荷载，如作用在挡土结构上的主动和被动土压力，浅埋基础下线性分布的基底压力，桩侧及桩端的极限摩阻力等。

（2）在以强度为主而不考虑变形问题时，将岩土体简化为刚体进行计算，计算边坡稳定性时常采用这样的假定。

（3）将岩土体简化为独立的弹簧，这是工程设计中，计算各类岩土结构受力变形时常用的方法，如 Winkler 地基梁中的地基反力，各类受水平荷载作用的桩的侧面土体抗力等。

（4）将岩土材料视为宏观上的连续体，其性质可以是线弹性、非线性弹性、刚塑性、弹塑性、黏弹性、黏弹塑性等，需要时还可考虑水或其他流体的渗透作用。该法基于连续介质力学的理论及方法建立求解方程，能更好地反映岩土体的力学特性和行为。

（5）将岩石块体、土颗粒作为基本单元，以离散介质力学为基础的研究方法在近年来正在蓬勃发展，这可使我们从细观的角度研究岩土体的力学行为，更深入地掌握其作用机理。

从数学的角度看，解的类型有两大类：以解析表达式表示的解析解和以数值形式表示的数值解。

上述计算模型及方法中，第 1、2 类的大多数问题借助材料力学、结构力学等方面的知识，可推导出相应的计算公式，即得到其解析解。

第 3 类方法中，一些问题可用解析法求解，如简单的 Winkler 地基梁、抗滑桩等；另一些则需借助于数值计算方法，如基坑工程中以弹性支点法计算的排桩支护等。

第 4 类模型的求解通常远比前 3 种方法复杂。对一些非常简单的计算模型，可得到解析解，但这些解一般难以用于实际工程。因此，数值方法是求解此类问题的主要手段。

第 5 种模型的求解更为复杂，更需采用数值法。

上述方法中，前 3 类模型比较简单，主要用于工程设计计算，第 5 种方法相对复杂，目前还在发展完善中，在实际工程中的应用较少。以下主要介绍针对第 4 种模型的数值解法。

这类方法中，将地基基础、基坑、边坡等各种形式不同的岩土工程统一归结为广义的固体力学、渗流、热传导等问题，采用数学的方法描述时，通常即转化为对一组基本方程（如微分方程、积分方程）及相应的边界条件的求解。这类方法的理论体系更为严密，但计算往往更复杂。目前，有限元法、有限差分法、边界元法等是具有代表性的数值解法。

在有限元法出现之前，有限差分法是微分方程的主要数值解法，尤其在求解流体力学问题方面有较大的优势，但在求解区域的形状复杂时，解的精度将降低，甚至会出现求解困难的情况。

边界元法在 20 世纪后期曾得到较为广泛的研究，但其求解问题的灵活性不及有限元法，故实际的应用并不广泛。

相比之下，有限元法以其解决复杂问题的突出能力及极大的灵活性，成为目前应用最为广泛的数值计算方法。

从数学的角度来看，有限单元法的基本思想可追溯到 Courant 在 1943 年的工作——将定义在三角形区域上的分片连续函数和最小位能原理相结合，用于求解 St. Venant 扭转问题。但一般认为，现代有限元法应始于 1956 年 Turner、Clough 及 1960 年 Clough 应用三角形单元求解平面问题，通过离散化手段和电子计算机的应用，使求解复杂的弹性力学平面问题成为可能，并使人们开始认识到有限元法的功效。实际上，"有限单元法"这个术语正是 Clough 在 1960 年提出的。

经过几十年的发展，有限元法在计算理论、计算技术方面获得了巨大的进展，可用以求解固体、流体、热传导、电磁、声等各种类型的复杂问题，广泛用于各类科研及工程领域，发挥着巨大的作用。目前，各类大型商用数值计算软件不但具有强大的分析计算能力，而且配备了完备的前、后处理功能，可以求解几乎所有领域的各类复杂问题，并以生动的形式将计算结果表示出来。ABAQUS、ANSYS、ADINA、MARC 等是目前常用的通用有限元计算软件。

对岩土工程而言，其数值计算的水平一直随着相关学科计算理论及技术的进步而不断提高，同时岩土工程一些富有特点的内容，也丰富和促进了相关学科计算理论和技术的发展。针对岩土工程的特点及需求，也开发了一些如 PLAXIS 的专门的岩土工程有限元软件。

20 世纪 70 年代初，美国明尼苏达 ITASCA 软件公司的 Cundall 博士创建了针对离散介质力学问题的离散单元法，之后将其求解原理发展用于连续介质问题的求解，并编写了著名的 FLAC（Fast Lagrangian Analysis of Continua）程序。其求解方法及技术与常用的有限元法有所不同，对一些非稳定性问题的求解较一般的有限元法更有优势，目前已在岩土工程领域得到广泛的应用。

1.2 数值计算对解决岩土工程问题的作用

虽然岩土结构的形式通常比较简单，但岩、土材料的性质却十分复杂，因此要比较准确地确定结构及岩土体的受力变形行为并不容易。

由于解析法只能求解一些很简单的问题，所以在数值计算方法广泛应用之前，只能将实际问题尽可能地简化为可求解的模型，但过度的简化会直接影响计算结果的准确性乃至适用性。

另一类方法则是借助于模型试验或现场试验。在有限元等数值法广泛应用之前，试验几乎是能够较好地模拟岩土工程复杂的受力变形行为的唯一手段。随着科学技术的发展，岩土工程试验的技术也越来越先进，其规模、复杂程度及精度等都在随之不断地提高，目前仍是一个不可或缺的重要研究手段。

在试验时，岩土相似材料可较好地反映岩土的复杂特性，特别是现场试验或采用原状土进行室内模型试验时尤其如此，这对岩土工程问题来说，显然是非常重要的。试验方法的另一个优点是其直观性，包括试验的过程和所获得的受力及变形信息。但试验也存在着耗费大、时间长、规模有限等问题，因此它不可能成为岩土工程设计时所依赖的主要手段。

相比之下，目前的有限元法等数值计算无论在求解复杂问题的能力、计算速度，还是应用的简便性等方面都已达到了很高的程度，其效率及经济性是试验方法无法比拟的，而所获得的受力变形信息也较试验方法全面、丰富得多。更重要的是，岩土理论的发展及其在数值计算中的应用，也使数值计算结果的合理性及准确性在不断提高。

当然，数值计算方法也远未达到"完美"的程度。对一些复杂的问题，即使在计算模型及材料参数都合理的情况下，求解时也会得到不合理的结果，甚至无法求得结果。此外，数值计算结果的精度与所采用的岩、土力学模型及参数的合理性密切相关，这也是目前的数值计算中常常遇到的一个困难。因此，岩土工程数值计算方法还在随着对岩土特性更深入的认识、计算理论的提高、计算设备的进步不断改进和发展。

目前，数值计算已成为进行岩土工程研究工作的一个重要手段。而对工程设计或施工来说，虽然工程技术人员更愿使用简便的简化计算及经验公式，并且这些方法通常能够解决一般的工程问题，但其计算精度及能够提供的信息都比较有限。以基坑工程为例，用较为简便的弹性支点法，可获得基坑支护结构的受力变形信息，但要确定因降水、开挖造成的基坑外土体的沉降及水平位移信息，以保证基坑附近结构、道路、管线等的安全，还是有限元法等方法的结果更为可靠。可以说，面对目前越来越复杂的问题，有限元等数值计算方法正成为岩土工程设计的重要辅助手段。

1.3 本教材的主要内容

目前，与岩土工程相关的商用计算软件很多，与前述 5 种模型相对应，可将其分为以下 3 类：

（1）基于简化计算方法，以解决实际工程问题为目的的各类软件，如用于边坡稳定分析的 SLIDE、GEOSLOPE 等，用于各类岩土工程设计的理正软件等。其优点是软件规模小，计算快，应用方便，能满足一般工程的计算需要。

（2）以连续介质力学等理论为基础的各类软件。这类软件多采用有限元法求解，其中有些是可求解固体、流体、热传导、电磁、声等各类问题的综合性软件，如前述 ABAQUS、ANSYS、ADINA、MARC 等，可用来求解一些岩土工程问题。MIDAS 则主要针对包括岩土在内的各类土木工程问题，PLAXIS 则专门针对岩土工程问题。此外，如前所述，FLAC 也是专用于岩土工程问题的计算软件。

与第 1 类软件相比，这类软件计算理论及技术复杂，规模大，求解大型问题时所需的时间可能较长。但采用合理的计算模型及参数时，可获得较第 1 类软件更为精确的结果和更为全面的信息。因此，该类软件在研究工作中有着非常广泛的应用，同时也越来越多地用于实际工程问题的计算分析。本书将要介绍的就是此类软件。

（3）以离散介质力学等理论为基础的各类软件，如 3DEC、EDEM 等。其计算结果可使我们从细观的角度了解岩土体的力学行为。整体上看，其计算较第 2 类方法更为复杂，目前还在进一步发展和完善中，因此主要用于研究工作，在实际工程问题中的应用较少。

数值计算软件的类型较多，它们各有特色，具体使用方法也不尽相同，本书将主要以具有代表性的、目前在岩土工程领域应用较为广泛的 ABAQUS、FLAC 等软件为例，详细介绍其建模、计算、后处理的方法及求解实际岩土工程问题的方法。以有限元计算软件为例，虽然不同的软件各有特点，在功能上存在一定差异，使用方法也不尽相同，但所依据的基本原理、计算理论及方法、实现计算分析的主要步骤和过程等却是基本相同的，所以当熟练掌握了 1~2 个具有代表性的软件后，对其他软件大多能触类旁通，很快掌握。

此外，虽然不具备完整的理论知识也可应用现有软件，完成相应的计算工作，但掌握和理解相关的理论知识和基本原理，有助于合理地完成建模、确定材料参数等必备的工作，同时能更合理地应用得到的计算结果，还能为解决计算过程中遇到的问题提供帮助，故本书中对相关软件所涉及的理论背景做了简要介绍，更全面、具体、深入的内容可参见相关的教材、专著、论文和软件的理论文本。

本书的内容安排如下：

1. 绪　论

简要介绍岩土工程数值计算方法的概况及其地位和作用。

2. 岩土工程数值解法的基本理论简介

以固体力学问题为例，结合岩土工程问题，简要介绍有限元等数值方法的求解思路及求解过程，涉及离散化、基本公式的推导、计算方程的建立及求解等内容。

3. 数值分析的建模方法

介绍如何由实际工程问题概化得到地质模型、"岩土-结构"概化模型，为下一步数值建模提供依据。以 FLAC3D 软件为例，介绍如何利用软件自身的建模命令，并进一步介绍如何借助 CAD、GTS、UGS 等软件建立复杂三维计算模型的方法。

4. 一般静力问题计算

介绍 ABAQUS、FLAC3D 的基本使用方法。在此基础上，介绍如何应用这两个程序求解分析基础、边坡、基坑、地基处理、地下工程等岩土工程问题。

5. 渗流问题的计算

介绍有限元法计算渗流、流-固耦合问题的基本原理，详细介绍 ABAQUS 软件计算岩土工程渗流及流-固耦合问题的方法。

6. 岩土工程动力学问题

简要介绍岩土工程动力学问题的基本原理，详细介绍应用 DYNA、ABAQUS、FLAC 等软件计算地震响应、爆破、打桩、地基夯实等岩土工程问题的方法。

第2章 岩土工程数值计算方法的基本理论简介

2.1 引 言

目前，各类大型的商用数值计算软件不但具有强大的计算分析能力，也有着完备、方便的前后处理功能。因此，使用者即使对其计算原理及方法不甚了解，也能方便地进行计算，获得计算结果。但另一方面，现有的计算软件并非万能和全自动的，需要我们将实际问题转化为既能充分反映其主要特性，又能够为计算软件求解的合理的计算模型；计算软件也不是完美的，即使模型及参数没有问题，但不满足求解条件的要求时，也有可能无法得到合理的结果，甚至无法完成计算，此时就需对计算模型做必要的调整。总之，为实现计算目标，我们不但需要有相关的力学及岩土工程专业知识，还需对计算方法的原理有基本的了解，以建立正确、合理的计算模型，选择合理的材料参数，正确处理计算过程中遇到的各种问题，最终得到合理的计算结果。为此，本章首先对有限元法及相关软件的计算原理作简要的介绍，然后简要介绍几个具有代表性的岩土本构模型、岩土体-结构界面的力学模型，以及岩土工程计算分析时应注意的一些问题。

2.2 数值求解方法的基本原理

在科学技术领域，各类固体、流体、热传导、电磁、声的问题最终可归结为对不同的微分方程（或积分方程）的求解，而各类岩土工程问题经过概化后，成为上述固体、渗流等问题的一个具体的应用。

微分方程的直接解法是设法求得在整个区域上，能够满足相应方程和边界条件的函数表达式，即获得其解析解。以一个简单的一维问题——梁的受力变形计算为例，由材料力学可知，其挠度函数 $w(x)$ 在梁上各点 x，即求解区域（$0 \leqslant x \leqslant l$，$l$ 为梁的长度）内应满足微分方程

$$EI \frac{\mathrm{d}^4 w}{\mathrm{d}x^4} - q(x) = 0 \quad (0 \leqslant x \leqslant l) \tag{2-1}$$

式中，E、I 分别为梁的弹性模量和截面惯性矩。当其受力及边界条件比较简单时，例

如，对一个均匀荷载作用下的悬臂梁，其 $q(x)=p$ ，边界（即梁的左、右两端）条件分别为

$$w(x)\big|_{x=0} = 0 \quad （x=0 \text{ 时}）\tag{2-2a}$$

$$\theta(x) = \frac{\mathrm{d}w}{\mathrm{d}x} = 0 \quad （x=0 \text{ 时}）\tag{2-2b}$$

$$M(x) = -EI\frac{\mathrm{d}^2 w}{\mathrm{d}x^2} = 0 \quad （x=l \text{ 时}）\tag{2-2c}$$

$$V(x) = -EI\frac{\mathrm{d}^3 w}{\mathrm{d}x^3} = 0 \quad （x=l \text{ 时}）\tag{2-2d}$$

式中，θ、M、V 分别为转角、弯矩、剪力。不难求得，上述方程的解为

$$w(x) = \frac{1}{120EI}\frac{px^2}{l}(10l^3 - 10l^2 x + 5lx^2 - x^3)\tag{2-3}$$

式（2-3）能精确满足式（2-1）的微分方程及式（2-2）的边界条件。对挠度表达式逐阶求导，很容易得到梁中各截面转角、弯矩、剪力的表达式。

上述问题非常简单，因此可较容易地求出其解析解。但实际工程问题则远较此复杂，图 2-1 所示为弹性支点法计算基坑排桩支护的计算简图，其对应的微分方程为

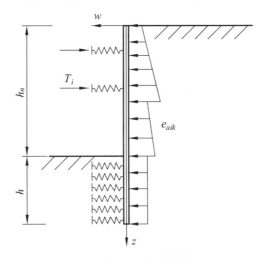

图 2-1　弹性支点法计算简图

$$EI\frac{\mathrm{d}^4 w}{\mathrm{d}z} - e_{aik}b_s = 0 \quad (0 \leqslant z \leqslant h_n)\tag{2-4a}$$

$$EI\frac{\mathrm{d}^4 w}{\mathrm{d}z} + mb_0(z - h_n)w - e_{aik}b_s = 0 \quad (z \geqslant h_n)\tag{2-4b}$$

式中，b_s 为荷载计算宽度，b_0 为土抗力的计算宽度，m 为地基土水平抗力系数的比例

系数，其他量的意义如图中所示。虽然同样为梁的计算，但因其受力及边界条件要复杂得多，故无法像前述悬臂梁问题一样求得其解析表达式。

在上述弹性支点法中，将桩后土体简化为荷载，桩前土体简化为弹簧，使计算成为一个一维问题。若将土体按实体计算，则相应的计算将成为二维或三维问题。对这些问题，只能采用数值法求解。

以下仍以梁的计算为例，说明有限元法的计算原理及步骤。

2.2.1　建立微分方程的积分表达形式

通过建立泛函、应用虚功原理等方法，将所需求解的微分方程及边界条件等价地转化为求解区域上的积分表达式——亦称为弱形式。仍以前述悬臂梁的计算为例，若梁上各点产生虚位移δw，则其相应的虚位能为

$$\delta E = \int_0^l EI \frac{\mathrm{d}^2 w}{\mathrm{d}x^2} \frac{\mathrm{d}^2 \delta w}{\mathrm{d}x^2} \mathrm{d}x \qquad (2\text{-}5)$$

对应于$q(x)$的虚外力功为

$$\delta W = -\int_0^l q(x)\delta w \mathrm{d}x \qquad (2\text{-}6)$$

根据虚功原理，当梁处于平衡状态时，应有

$$\delta \Pi = \delta E + \delta W = \int_0^l EI \frac{\mathrm{d}^2 w}{\mathrm{d}x^2} \frac{\mathrm{d}^2 \delta w}{\mathrm{d}x^2} \mathrm{d}x - \int_0^l q(x)\delta w \mathrm{d}x = 0 \qquad (2\text{-}7)$$

式中，$w(x)$为满足位移边界条件（2-2a）、（2-2b）的挠度函数。式（2-7）即为该问题的积分表达式，为验证它与微分表达形式的等价性，应用积分定理，将式（2-7）变换为

$$\delta \Pi = \int_0^l \left[EI \frac{\mathrm{d}^4 w}{\mathrm{d}x^4} - q(x) \right] \delta w \mathrm{d}x + \left[EI \frac{\mathrm{d}^2 w}{\mathrm{d}x^2} \cdot \frac{\mathrm{d}\delta w}{\mathrm{d}x} \right]_{x=l} - \left[EI \frac{\mathrm{d}^3 w}{\mathrm{d}x^3} \delta w \right]_{x=l} = 0 \qquad (2\text{-}8)$$

由于虚位移δw可任意变化，故为满足上式，其前面的系数就必然为0，由此得到的就是式（2-1）、（2-2c）、（2-2d），由于所选的$w(x)$预先满足（2-2a）、（2-2b），因此式（2-1）、（2-2）的全部方程及条件均得到满足，所以积分形式的式（2-7）与微分形式的式（2-1）、（2-2）是完全等价的。

2.2.2　求解区域的离散化

求解式（2-7），实际就是确定能满足该式的函数$w(x)$。一种方法是将$w(x)$假设为带有多个待定系数的多项式、三角函数或其他形式，再代入（2-7）后，求出其待定系

数，得到其相应的解。但当挠度函数的分布形式比较复杂时，即使项数很多的多项式、三角函数，也不一定有很好的逼近效果。对更复杂的二维、三维问题，要在整个区域内用一个表达式去逼近相应的位移、应力等的分布，则几乎不可能。解决这一问题的有效方法就是对整个区域的离散化，然后在每个小的区域内假定待求函数，并求解所有小区域内的函数，集合后即可得到整个区域上的解。

如图 2-2 所示，将整个梁分为数段，每段即为一个单元，单元的两端为结点。在每个单元内，位移函数可采用较为简单的形式。例如，第 i 个单元内各点的挠度可表示为

$$w(x) = \sum_{k=1}^{2} N_k(x)w_{i+k-1} + \sum_{k=1}^{2} H_k(x)w'_{i+k-1} \tag{2-9}$$

式中，w_i、w_{i+1} 及 w'_i、w'_{i+1} 分别为 i 单元两端的挠度和转角，$N_1(x)$、$N_2(x)$、$H_1(x)$、$H_2(x)$ 称为形函数，此处为 3 次多项式，其表达式是已知的。这样的处理方法，相当于将沿整个梁形式复杂的 $w(x)$ 分段用较简单的多形式拟合。当然，单元划分得越小，逼近程度越高。

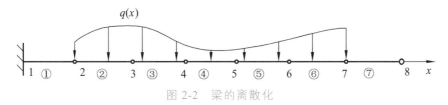

图 2-2　梁的离散化

2.2.3　求解方程的建立

离散化后，式（2-7）就可近似地表示为

$$\sum_{i=1}^{N} \int_{x_i}^{x_{i+1}} EI \frac{d^2 w}{dx^2} \frac{d^2 \delta w}{dx^2} dx - \sum_{i=1}^{N} \int_{x_i}^{x_{i+1}} q(x)\delta w dx = 0 \tag{2-10}$$

式中，x_i 和 x_{i+1} 分别是单元 i 两端的坐标，N 是单元总数。将式（2-9）代入上式，经归纳整理后，可表示为

$$\begin{Bmatrix} \delta w_1 \\ \delta w'_1 \\ \delta w_2 \\ \delta w'_2 \\ \vdots \\ \delta w_{N+1} \\ \delta w'_{N+1} \end{Bmatrix}^T \left(\begin{bmatrix} k_{11} & k_{12} & \cdots & k_{1(2N+1)} & k_{1(2N+2)} \\ k_{21} & k_{22} & \cdots & k_{2(2N+1)} & k_{2(2N+2)} \\ \vdots & \vdots & & \vdots & \vdots \\ k_{(2N+1)1} & k_{(2N+1)2} & \cdots & k_{(2N+1)(2N+1)} & k_{(2N+1)(2N+2)} \\ k_{(2N+2)1} & k_{(2N+2)2} & \cdots & k_{(2N+2)(2N+1)} & k_{(2N+2)(2N+2)} \end{bmatrix} \begin{Bmatrix} w_1 \\ w'_1 \\ w_2 \\ w'_2 \\ \vdots \\ w_{N+1} \\ w'_{N+1} \end{Bmatrix} - \begin{Bmatrix} F_1 \\ F_2 \\ \vdots \\ F_{2N+1} \\ F_{2N+2} \end{Bmatrix} \right) = 0 \tag{2-11}$$

注意到式中的 δw_1、$\delta w'_1$、$\cdots$、$\delta w'_{N+1}$ 为任意的，因此必然有

$$\begin{bmatrix} k_{11} & k_{12} & \cdots & k_{1(2N+1)} & k_{1(2N+2)} \\ k_{21} & k_{22} & \cdots & k_{2(2N+1)} & k_{2(2N+2)} \\ \vdots & \vdots & & \vdots & \vdots \\ k_{(2N+1)1} & k_{(2N+1)2} & \cdots & k_{(2N+1)(2N+1)} & k_{(2N+1)(2N+2)} \\ k_{(2N+2)1} & k_{(2N+1)2} & \cdots & k_{(2N+2)(2N+1)} & k_{(2N+2)(2N+2)} \end{bmatrix} \begin{Bmatrix} w_1 \\ w_1' \\ w_2 \\ w_2' \\ \vdots \\ w_{N+1} \\ w_{N+1}' \end{Bmatrix} = \begin{Bmatrix} F_1 \\ F_2 \\ \vdots \\ F_{2N+1} \\ F_{2N+2} \end{Bmatrix} \qquad (2\text{-}12)$$

或简写为

$$[K]\{W\} = \{F\} \qquad (2\text{-}13)$$

式中，$[K]$ 为刚度矩阵，$\{F\}$ 为荷载项，$\{W\}$ 为待求的挠度及转角。可以看出，经过上述步骤后，最终将微分方程式（2-1）、（2-2）转化为一组代数方程式（2-13）。

2.2.4　方程的求解

解方程组（2-13），即可得各结点的位移和转角，并进一步求出梁的各截面的挠度、转角、弯矩、剪力等。

上述问题属一维有限元问题，计算较为简单。实际上，将岩土体考虑为实体进行计算时，相应的问题即成为三维问题，或为了计算方便简化为二维问题。二维及三维问题的计算思路与一维相同，但内容更为丰富，计算的实现也较一维问题复杂得多。下面以固体力学问题为例，说明三维有限元法的基本原理。

2.3　固体力学问题的数值解法

2.3.1　基本方程及边界条件

图 2-3 所示为固体力学经典问题的示意图。其基本方程包括平衡方程、几何方程、本构方程等，边界条件则有应力边界条件及位移边界条件。

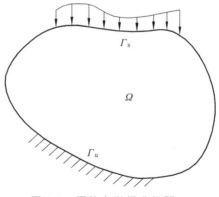

图 2-3　固体力学经典问题

1. 平衡方程

$$\sigma_{ij,j} + \gamma_i = 0 \ (\ i, \ j = 1, \ 2, \ 3; \ 在\Omega内\ ) \quad （2\text{-}14）$$

式中，σ_{ij} 为应力分量，γ_i 为体积力，Ω 为求解区域。

2. 几何方程

即应变与位移的关系。以小变形问题为例，有

$$\varepsilon_{ij} = \frac{1}{2}(u_{i,j} + u_{j,i}) \ (\ i, \ j = 1, \ 2, \ 3; \ 在\Omega内\ ) \quad （2\text{-}15）$$

式中，u_i 及 ε_{ij} 分别为位移及应变分量。

3. 本构关系

对线弹性问题，应力应变关系可采用全量形式表示为

$$\sigma_{ij} = D_{ijkl}\varepsilon_{kl} \ (\ i, \ j, \ k, \ l = 1, \ 2, \ 3; \ 在\Omega内\ ) \quad （2\text{-}16）$$

对非线性材料，则以增量形式表示为

$$\mathrm{d}\sigma_{ij} = D_{ijkl}\mathrm{d}\varepsilon_{kl} \ (\ i, \ j, \ k, \ l = 1, \ 2, \ 3; \ 在\Omega内\ ) \quad （2\text{-}17）$$

4. 应力边界条件

$$\sigma_{ij}n_j = \overline{p}_i \ (\ i, \ j = 1, \ 2, \ 3; \ 在\Gamma_{\mathrm{s}}上\ ) \quad （2\text{-}18）$$

式中，$\overline{p}_i$ 为应力边界上给定的应力分量，n_j 为法向的分量，Γ_{s} 为应力边界。

5. 位移边界条件

$$u_i = \overline{u}_i \ (\ i = 1, \ 2, \ 3; \ 在\Gamma_{\mathrm{u}}上\ ) \quad （2\text{-}19）$$

式中，$\overline{u}_i$ 为位移边界上给定的位移分量，Γ_{u} 为位移边界。

2.3.2　固体力学问题的弱形式

与一维问题相似，首先将上述微分方程转化为积分形式。以线弹性问题为例，若以位移 u_i（$i = 1, \ 2, \ 3$）为待求量，并假设其满足位移边界条件（2-19），则应用虚功原理，可得

$$\int_{\Omega} \sigma_{ij}\delta\varepsilon_{ij}\mathrm{d}\Omega - \int_{\Omega} \gamma_i\delta u_i\mathrm{d}\Omega - \int_{\Gamma_{\mathrm{s}}} \overline{p}_i\delta u_i\mathrm{d}\Gamma = 0 \quad （2\text{-}20）$$

式中的 ε_{ij} 按式（2-15）确定，再由式（2-16）确定 σ_{ij}，即 ε_{ij} 和 σ_{ij} 均可用 u_i 表示。

应用 Green 公式，式（2-20）可等价变化为

$$\int_{\Omega} (\sigma_{ij,j} + \gamma_i)\delta u_i\mathrm{d}\Omega + \int_{\Gamma_{\mathrm{s}}} (\sigma_{ij}n_j - \overline{p}_i)\delta u_i\mathrm{d}\Gamma = 0 \quad （2\text{-}21）$$

由于虚位移 δu_i 可任意变化，所以为满足上式，其前面的系数必然为 0，由此得到式（2-14）及（2-18）。由此可知，能满足式（2-21）的位移 u_i 必能满足式（2-14）至式（2-19）。因此，式（2-20）是上述微分方程及边界条件的等价的积分表达形式，是建立求解方程的基础。下面将通过对计算区域的离散化，将式（2-20）最终转化为一个代数方程组。

2.3.3 计算区域的离散化

通过对求解区域的离散化，将求解区域变为一系列单元的集合，在各单元内，变形及应力等可用相对简单的函数形式表示，便于计算方程的建立。

与一维问题相似，在计算中，通常以结点上的变量（如坐标、位移等）为基本变量，再通过形函数确定单元中其他点的值。

根据需要，可构造不同形式的单元。图 2-4 所示为 3 种不同的三维块体单元，其中（a）为四面体（4 结点）单元，（b）为 8 结点六面体单元，（c）为 20 结点六面体单元。虽然形式不同，但它们应遵从一些共同的要求。下面以 8 节点单元为例进行说明。

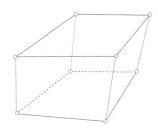
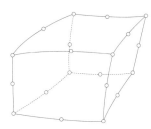

（a）四面体单元　　　　（b）8 结点六面体单元　　　　（c）20 结点六面体单元

图 2-4　三维块体单元

对图中所示的 8 节点单元，单元内一点的位移与其结点位移的关系为

$$\begin{cases} u = \sum_{i=1}^{8} N_i u_i \\ v = \sum_{i=1}^{8} N_i v_i \\ w = \sum_{i=1}^{8} N_i w_i \end{cases} \qquad (2\text{-}22)$$

式中的 N_i 为形函数，对不同类型的单元，它有不同的表达式，但以下两个要求是所有形式的单元的形函数都必须满足的：

（1）形函数在本结点的值为 1，在其他结点的值为 0，即

$$N_i(x_j, y_j, z_j) = \begin{cases} 1 & (i = j \text{ 时}) \\ 0 & (i \neq j \text{ 时}) \end{cases} \quad (i,\ j = 1,\ 2,\ 3,\ \cdots,\ 8) \qquad (2\text{-}23)$$

式中的 x_j、y_j、z_j 表示 j 结点的坐标。显然，形函数只有满足这个要求，才能保证由式（2-22）得到的结点位移就是 u_i、v_i、w_i。

（2）形函数的和为 1，即

$$\sum_{i=1}^{8} N_i = 1 \qquad (2\text{-}24)$$

当单元产生刚性位移时，各结点及单元内各点的位移均相等，为满足此要求，由式（2-22）可知，此时必有式（2-24）成立，这也称为形函数的完备性要求。

由于单元的形状并不规则，故直接构造以 x、y、z 为自变量的形函数比较麻烦。因此，引入变量 ξ、η、ζ，3 个变量的取值范围均为 $[-1, 1]$。并假设

$$\begin{cases} x = \sum_{i=1}^{8} N_i(\xi,\eta,\zeta)x_i \\ y = \sum_{i=1}^{8} N_i(\xi,\eta,\zeta)y_i \\ z = \sum_{i=1}^{8} N_i(\xi,\eta,\zeta)z_i \end{cases} \qquad (2\text{-}25)$$

以及

$$\begin{cases} u = \sum_{i=1}^{8} N_i(\xi,\eta,\zeta)u_i \\ v = \sum_{i=1}^{8} N_i(\xi,\eta,\zeta)v_i \\ w = \sum_{i=1}^{8} N_i(\xi,\eta,\zeta)w_i \end{cases} \qquad (2\text{-}26)$$

这样实际就间接地建立了位移 u、v、w 与坐标 x、y、z 的关系。其中，形函数

$$N_i(\xi,\eta,\zeta) = \frac{1}{8}(1+\xi_i\xi)(1+\eta_i\eta)(1+\zeta_i\zeta) \qquad (2\text{-}27)$$

容易验证，它满足式（2-23）、（2-24）的要求。

在目前的有限元计算软件中，单元的类型较多，除上述四面体、六面体外，还可采用五面体（棱柱）单元。此外，形函数可以是线性的，二次的、三次的多项式。而 FLAC 中的基本单元是线性的四面体单元，属常应变及常应力单元，即单元内各点的应变及应力是相等的，这使得对单元的体积分及面积分可直接得到相应的表达式，而无须像其他单元一样采用数值法求积。当然，四面体单元的精度相对较低，为保证计算结果具有足够的精度，单元就需划分得比较小。

将式（2-25）、（2-26）以矩阵形式统一表示，有

$$\{x\} = [N]\{x\}^{\text{e}} \qquad (2\text{-}28)$$

$${u} = [N]{a}^e \tag{2-29}$$

式中，${x}$、${u}$分别表示单元内一点的坐标及位移，${x}^e$、${a}^e$为本单元的结点坐标及位移（上标"e"表示单元），$[N]$为形函数。

2.3.4 计算方程的建立

计算区域离散化后，式（2-20）可写为

$$\sum \int_{\Omega^e} \sigma_{ij}\delta\varepsilon_{ij}\mathrm{d}\Omega - \sum \int_{\Omega^e} \gamma_i\delta u_i\mathrm{d}\Omega - \sum \int_{\Gamma_s^e} \overline{p}_i\delta u_i\mathrm{d}\Gamma = 0 \tag{2-30}$$

式中，Ω^e及Γ_s^e分别为单元对应的区域和应力边界。

如前所述，计算时以结点位移为未知量，因此，需进一步建立式中的应力、应变等量与结点位移的关系。

1. 应变及应力与单元结点位移的关系

将式（2-15）以矩阵形式表示为

$${\varepsilon} = [L]{u} \tag{2-31}$$

再将式（2-29）代入上式，即可得到

$${\varepsilon} = [L][N]{a}^e = [B]{a}^e \tag{2-32}$$

以前述 8 节点六面体单元为例，式中的$[B]$为

$$[B] = [B_1 \quad B_2 \quad B_3 \quad \cdots \quad B_8] \tag{2-33}$$

式中

$$[B_i] = \begin{bmatrix} \frac{\partial N_i}{\partial x} & 0 & 0 \\ 0 & \frac{\partial N_i}{\partial y} & 0 \\ 0 & 0 & \frac{\partial N_i}{\partial z} \\ \frac{\partial N_i}{\partial y} & \frac{\partial N_i}{\partial x} & 0 \\ 0 & \frac{\partial N_i}{\partial z} & \frac{\partial N_i}{\partial y} \\ \frac{\partial N_i}{\partial z} & 0 & \frac{\partial N_i}{\partial x} \end{bmatrix} \tag{2-34}$$

由于形函数 N_i 是以 ξ、η、ζ 为自变量表示的函数，为求出式（2-34）中对 x、y、z 的

偏导，需应用复合函数的求导法则，即

$$\begin{Bmatrix} \dfrac{\partial N_i}{\partial \xi} \\[2mm] \dfrac{\partial N_i}{\partial \eta} \\[2mm] \dfrac{\partial N_i}{\partial \zeta} \end{Bmatrix} = \begin{bmatrix} \dfrac{\partial x}{\partial \xi} & \dfrac{\partial y}{\partial \xi} & \dfrac{\partial z}{\partial \xi} \\[2mm] \dfrac{\partial x}{\partial \eta} & \dfrac{\partial y}{\partial \eta} & \dfrac{\partial z}{\partial \eta} \\[2mm] \dfrac{\partial x}{\partial \zeta} & \dfrac{\partial y}{\partial \zeta} & \dfrac{\partial z}{\partial \zeta} \end{bmatrix} \begin{Bmatrix} \dfrac{\partial N_i}{\partial x} \\[2mm] \dfrac{\partial N_i}{\partial y} \\[2mm] \dfrac{\partial N_i}{\partial z} \end{Bmatrix} = [\boldsymbol{J}] \begin{Bmatrix} \dfrac{\partial N_i}{\partial x} \\[2mm] \dfrac{\partial N_i}{\partial y} \\[2mm] \dfrac{\partial N_i}{\partial z} \end{Bmatrix} \tag{2-35}$$

式中，$[\boldsymbol{J}]$ 称为变换矩阵或 Jacobi 矩阵，将式（2-25）代入，得其表达式为

$$[\boldsymbol{J}] = \begin{bmatrix} \dfrac{\partial x}{\partial \xi} & \dfrac{\partial y}{\partial \xi} & \dfrac{\partial z}{\partial \xi} \\[2mm] \dfrac{\partial x}{\partial \eta} & \dfrac{\partial y}{\partial \eta} & \dfrac{\partial z}{\partial \eta} \\[2mm] \dfrac{\partial x}{\partial \zeta} & \dfrac{\partial y}{\partial \zeta} & \dfrac{\partial z}{\partial \zeta} \end{bmatrix} = \begin{bmatrix} \dfrac{\partial N_1}{\partial \xi} & \dfrac{\partial N_2}{\partial \xi} & \cdots & \dfrac{\partial N_8}{\partial \xi} \\[2mm] \dfrac{\partial N_1}{\partial \eta} & \dfrac{\partial N_1}{\partial \eta} & \cdots & \dfrac{\partial N_8}{\partial \eta} \\[2mm] \dfrac{\partial N_1}{\partial \zeta} & \dfrac{\partial N_1}{\partial \zeta} & \cdots & \dfrac{\partial N_8}{\partial \zeta} \end{bmatrix} \begin{bmatrix} x_1 & y_1 & z_1 \\ x_2 & y_2 & z_2 \\ \vdots & \vdots & \vdots \\ x_8 & y_8 & z_8 \end{bmatrix} \tag{2-36}$$

最终得到

$$\begin{Bmatrix} \dfrac{\partial N_i}{\partial x} \\[2mm] \dfrac{\partial N_i}{\partial y} \\[2mm] \dfrac{\partial N_i}{\partial z} \end{Bmatrix} = [\boldsymbol{J}]^{-1} \begin{Bmatrix} \dfrac{\partial N_i}{\partial \xi} \\[2mm] \dfrac{\partial N_i}{\partial \eta} \\[2mm] \dfrac{\partial N_i}{\partial \zeta} \end{Bmatrix} \tag{2-37}$$

至此，就建立了应变与结点位移的关系式。

对线弹性问题，按式（2-16）及（2-32），可得到应力与结点位移的关系为

$$\{\boldsymbol{\sigma}\} = [\boldsymbol{D}]\{\boldsymbol{\varepsilon}\} = [\boldsymbol{D}][\boldsymbol{B}]\{\boldsymbol{a}\}^{\mathrm{e}} \tag{2-38}$$

式中，$[\boldsymbol{D}]$ 为弹性矩阵。

2. 计算方程组的建立

将式（2-31）代入（2-30），得

$$\sum \int_{\Omega^{\mathrm{e}}} (\{\delta \boldsymbol{a}\}^{\mathrm{e}})^{\mathrm{T}} [\boldsymbol{B}]^{\mathrm{T}} \{\boldsymbol{\sigma}\} \mathrm{d}\Omega - \sum \int_{\Omega^{\mathrm{e}}} (\{\delta \boldsymbol{a}\}^{\mathrm{e}})^{\mathrm{T}} [\boldsymbol{N}]^{\mathrm{T}} \{\boldsymbol{\gamma}\} \mathrm{d}\Omega -$$

$$\sum \int_{\Gamma_{\mathrm{s}}^{\mathrm{e}}} \{\delta \boldsymbol{a}\}^{\mathrm{e}})^{\mathrm{T}} [\boldsymbol{N}]^{\mathrm{T}} \{\overline{\boldsymbol{p}}\} \mathrm{d}\Gamma = 0 \tag{2-39}$$

考虑到节点位移 $\{\delta \boldsymbol{a}\}^{\mathrm{e}}$ 的任意性，由上式可以得到

$$\sum \int_{\Omega^{\mathrm{e}}} [\boldsymbol{B}]^{\mathrm{T}} \{\boldsymbol{\sigma}\} \mathrm{d}\Omega = \sum \int_{\Omega^{\mathrm{e}}} [\boldsymbol{N}]^{\mathrm{T}} \{\boldsymbol{\gamma}\} \mathrm{d}\Omega + \sum \int_{\Gamma_{\mathrm{s}}^{\mathrm{e}}} [\boldsymbol{N}]^{\mathrm{T}} \{\overline{\boldsymbol{p}}\} \mathrm{d}\Gamma \tag{2-40}$$

设

$$\{F\} = \sum \int_{\Omega^e} [N]^T \{\gamma\} \mathrm{d}\Omega + \sum \int_{\Gamma_s^e} [N]^T \{\overline{p}\} \mathrm{d}\Gamma \qquad (2\text{-}41)$$

则有

$$\sum \int_{\Omega^e} [B]^T \{\sigma\} \mathrm{d}\Omega = \{F\} \qquad (2\text{-}42)$$

将（2-38）代入上式，可得

$$\sum \int_{\Omega^e} [B]^T [D][B] \{a\}^e \mathrm{d}\Omega = \{F\} \qquad (2\text{-}43)$$

最终可表示为

$$[K]\{a\} = \{F\} \qquad (2\text{-}44)$$

式中

$$[K] = \sum \int_{\Omega^e} [B]^T [D][B] \mathrm{d}\Omega = \sum [k]^e \qquad (2\text{-}45)$$

为总刚度矩阵，$\{a\}$ 为节点位移矩阵，而

$$[k]^e = \int_{\Omega^e} [B]^T [D][B] \mathrm{d}\Omega \qquad (2\text{-}46)$$

为单元刚度矩阵。需要说明的是，式（2-42）中的求和符号 Σ 表示总刚 $[K]$ 由所有单元的单刚 $[k]^e$ 组装而成，但并不是各单刚直接相加，组装时需确定 $[k]^e$ 中各元素在 $[K]$ 中的位置。同样，式（2-41）中的 $\{F\}$ 也是由各单元的结点荷载组装而成。

2.3.5　有限元法求解

对线弹性问题，式（2-44）中的刚度矩阵 $[K]$ 与 $\{a\}$ 无关，故该式为一组线性方程，其求解并无困难。解得结点位移 $\{a\}$ 后，可由此求得单元内各点的应变、应力等量。

当计算涉及几何非线性（大变形）、材料非线性（如非线性弹性、弹塑性）、接触等问题时，最终建立的有限元求解方程为一组非线性方程组。

以非线性弹性材料为例，其本构关系式（2-17）中的 D_{ijkl} 与当前应力有关，因此也与位移相关，故其求解方程可以增量形式表示为

$$[K(\{a\})]\{\Delta a\} = \{\Delta F\} \qquad (2\text{-}47)$$

由于总刚度矩阵 $[K]$ 与 $\{a\}$ 有关，故上式为非线性方程组。

除非线性弹性外，弹塑性材料的本构关系也是非线性的，故其求解方程组也是非线性的，而且求解时还需考虑加载过程。同样，对接触问题，由于在受力变形过程中，接触体之间各接触点的状态在不断地变化。例如，由非接触状态变为接触状态或反之由黏结状态变为滑移状态等，故接触问题也是非线性问题。

非线性方程组有多种求解方法，以下以 Newton-Raphson 法（以下简称牛顿法）及修正的牛顿法为例说明其求解过程。

由式（2-42），设

$$\{\boldsymbol{\varPsi}\} = \sum \int_{\Omega^e} [\boldsymbol{B}]^T \{\boldsymbol{\sigma}\} \mathrm{d}\Omega - \{\boldsymbol{F}\} \tag{2-48}$$

式中，$\{\boldsymbol{\sigma}\}$ 是结点位移 $\{\boldsymbol{a}\}$ 的函数，并有

$$\{\boldsymbol{P}(\boldsymbol{a})\} = \sum \int_{\Omega^e} [\boldsymbol{B}]^T \{\boldsymbol{\sigma}\} \mathrm{d}\Omega \tag{2-49}$$

故 $\{\boldsymbol{\psi}\}$ 也是 $\{\boldsymbol{a}\}$ 的函数。采用牛顿法求解时，有

$$\begin{aligned}
[\boldsymbol{K}_t] &= \frac{\partial \{\boldsymbol{\varPsi}\}}{\partial \{\boldsymbol{a}\}} = \frac{\partial \{\boldsymbol{P}\}}{\partial \{\boldsymbol{a}\}} = \sum \int_{\Omega^e} [\boldsymbol{B}]^T \frac{\mathrm{d}\{\boldsymbol{\sigma}\}}{\mathrm{d}\{\boldsymbol{\varepsilon}\}} \frac{\mathrm{d}\{\boldsymbol{\varepsilon}\}}{\mathrm{d}\{\boldsymbol{a}\}} \mathrm{d}\Omega \\
&= \sum \int_{\Omega^e} [\boldsymbol{B}]^T [\boldsymbol{D}_t][\boldsymbol{B}] \mathrm{d}\Omega
\end{aligned} \tag{2-50}$$

式中，$[\boldsymbol{K}_t]$ 为切线刚度矩阵，对非线性弹性材料，$[\boldsymbol{D}_t]$ 为切线弹性矩阵；对弹塑性材料，$[\boldsymbol{D}_t]$ 为弹塑性矩阵。由于 $[\boldsymbol{D}_t]$ 是节点位移 $\{\boldsymbol{a}\}$ 的函数，故 $[\boldsymbol{K}_t]$ 也是 $\{\boldsymbol{a}\}$ 的函数。其迭代求解的计算公式为

$$\begin{cases}
[\boldsymbol{K}_t]^i \{\Delta\boldsymbol{a}\}^i = -\{\boldsymbol{\varPsi}\}^i = \{\boldsymbol{F}\} - \{\boldsymbol{P}\}^i \\
\{\boldsymbol{a}\}^{i+1} = \{\boldsymbol{a}\}^i + \{\Delta\boldsymbol{a}\}^i
\end{cases} \tag{2-51}$$

式中的上标 i 代表第 i 次迭代，$[\boldsymbol{K}_t]^i$ 由 $\{\boldsymbol{a}\}^i$ 确定，而

$$\{\boldsymbol{P}\}^i = \sum \int_{\Omega^e} [\boldsymbol{B}]^T \{\boldsymbol{\sigma}\}^i \mathrm{d}\Omega \tag{2-52}$$

上述迭代过程如图 2-5 所示。

可以看出，上述求解过程的主要计算工作量是一系列线性方程组的求解。由于每次迭代时 $[\boldsymbol{K}_t]^i$ 均会发生改变，故需重新求逆，其工作量较大。若以初始矩阵 $[\boldsymbol{K}_t]^0$ 代替 $[\boldsymbol{K}_t]^i$，求逆后将其储存，则以后的迭代可重复使用，从而节省计算时间。其相应的迭代公式为

$$\begin{cases}
[\boldsymbol{K}_t]^0 \{\Delta\boldsymbol{a}\}^i = -\{\boldsymbol{\varPsi}\}^i = \{\boldsymbol{F}\} - \{\boldsymbol{P}\}^i \\
\{\boldsymbol{a}\}^{i+1} = \{\boldsymbol{a}\}^i + \{\Delta\boldsymbol{a}\}^i
\end{cases} \tag{2-53}$$

在数学上，该法称为修正的牛顿法。对固体力学问题，对应于初始应力法或初始应变法。其迭代过程如图 2-6 所示。

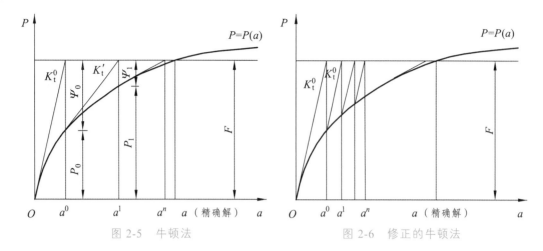

图 2-5　牛顿法　　　　　　　　　　　图 2-6　修正的牛顿法

　　对弹塑性问题、接触问题等非线性问题，其变形及应力与加载过程相关，故需采用增量法求解。为此，可在每个增量步内采用牛顿法、修正牛顿法等方法，图 2-7（a）、（b）所示分别为弹塑性问题分别采用上述方法的迭代过程，这里不再列出其具体计算公式。

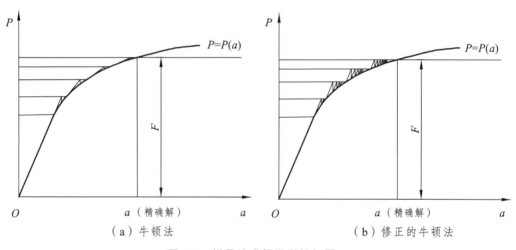

（a）牛顿法　　　　　　　　　　　　　（b）修正的牛顿法

图 2-7　增量法求解弹塑性问题

　　对线弹性问题来说，只要模型正确，一般都能求得相应的解。而非线性问题的计算，则可能会因计算参数或材料的选取不当、模型过于复杂等原因造成迭代不收敛，导致计算失败。

2.3.6　FLAC 的计算理论与方法

1. 基本思路

同有限元法一样，FLAC 方法中，也需应用虚功原理将微分方程转化为积分形式，对应于前述式（2-20），再对计算区域离散化，得到离散化后的表达式，对应于式（2-30），并最终得到求解方程，对应于式（2-44）。它与有限元法的主要差别可通过下面的例子说明。

图 2-8 所示是一个最简单的（只有一个自由度）受力变形问题。其中，弹簧代表变形体，其刚度系数为 k；小球的质量为 m，相应的重量为 $f = mg$（代表所受的荷载）。此外，以 u 表示小球的位移。

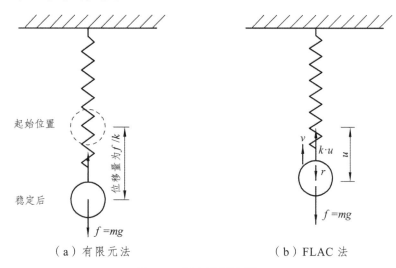

（a）有限元法　　　　　（b）FLAC 法

图 2-8　静力问题计算

当处于平衡状态时，有

$$k \cdot u = f \tag{2-54}$$

这实际就是式（2-44）最简单的形式。很容易求得位移 $u = f/k$，弹簧中的力 $p = k \cdot u = f$。

实际上，当小球施加于弹簧后，会有一个振动过程，并最终稳定。而在利用式（2-54）求解时，并未考虑小球随时间经历的位移过程（或弹簧的受力变形过程）。因此，式（2-54）实际是针对小球稳定后状态建立的，这是有限元法的计算思路。

若要计算小球的位移过程，可按牛顿第二定律建立其求解方程，即

$$ma = f - k \cdot u \tag{2-55a}$$

或用位移 u、速度 v 表示为

$$m\frac{\mathrm{d}v}{\mathrm{d}t} = m\frac{\mathrm{d}^2u}{\mathrm{d}t^2} = f - k \cdot u \tag{2-55b}$$

方程式（2-55）所反映的是自由振动，即小球不可能停下来而达到稳定状态。实际上，在振动的过程中，小球会受到阻尼力的作用，并最终稳定。因此，其运动方程应为

$$m \frac{\mathrm{d}v}{\mathrm{d}t} = f - k \cdot u + r(v) \qquad (2\text{-}56\mathrm{a})$$

或

$$m \frac{\mathrm{d}^2 u}{\mathrm{d}t^2} = f - k \cdot u + r(u') \qquad (2\text{-}56\mathrm{b})$$

式中，r 为阻尼力，作用方向与小球的运动方向相反，大小与小球的运动速率等因素有关，如给出阻尼力与运动速率的关系，代入上式后，最终可求得位移 u、速度 v、弹簧拉力 p 随时间的变化过程，并获得最终处于稳定状态时的位移及弹簧拉力。

由式（2-56）还可看出，小球最终达到稳定状态时，等式左侧的加速度项为 0，右侧的阻尼也为 0，由此得到

$$f - k \cdot u = 0 \qquad (2\text{-}57)$$

与式（2-54）完全相同。

比较两种算法的区别可以发现：

（1）第一种算法没有考虑小球由不平衡状态到平衡状态的发展过程，只针对最后平衡后的受力情况。

（2）第二种方法可以了解小球的整个受力变形过程。

（3）两种算法得到的小球最终的位移及受力结果完全相同。而第二种方法的计算过程较第一种要复杂得多，故若只关心最终的位移和受力，即进行静力计算时，第一种方法显然更为可取。

（4）对动力学问题，有限元法也采用同样的思路求解。

（5）对静力学问题，FLAC 法在计算时需引入阻尼力，但该力通常并不是真正的阻尼力，仅是为使振动尽快稳定而引入的一个虚拟的阻尼力。因此，各位移、力随时间的变化过程并非实际的位移及内力变化过程，只有最终的结果是其真实解。

显然，对线弹性问题，第一种解法具有明显的优势。对非线性问题，例如，当弹簧的刚度系数与变形的大小有关时，式（2-54）变为

$$k(u) \cdot u = f \qquad (2\text{-}58)$$

方程就无法像式（2-54）一样直接求解了，此时可采用前面介绍的迭代法求解。

对第二种方法，当弹簧为非线性材料时，式（2-56a）变为

$$m \frac{\mathrm{d}v}{\mathrm{d}t} = f - k(u) \cdot u + r(v) \qquad (2\text{-}59)$$

为进行求解，将式中速度 v 的微分以中心差分的形式近似地表示为

$$\frac{\mathrm{d}v}{\mathrm{d}t} \approx \frac{v(t + \Delta t / 2) - v(t - \Delta t / 2)}{\Delta t} = \frac{v_{t+\Delta t/2} - v_{t-\Delta t/2}}{\Delta t} \qquad (2\text{-}60)$$

式中，Δt 为时间步长。由此，式（2-59）的求解公式可写为

$$v_{t+\Delta t/2} = v_{t-\Delta t/2} + [f - k(u_t) \cdot u_t + r(v_t)]\Delta t \qquad (2\text{-}61)$$

$$u_{t+\Delta t} = u_t + v_{t+\Delta t/2}\Delta t \qquad (2\text{-}62)$$

从 $t=0$ 开始，按式（2-61）、（2-62）逐渐向前计算，当速度 v 趋于 0 时，说明小球达到稳定状态，计算结束。

2. 固体力学问题的求解

在前述有限元计算方法中，式（2-49）定义的

$$\{\boldsymbol{P}\} = \sum \int_{\Omega^e} [\boldsymbol{B}]^{\mathrm{T}} \{\boldsymbol{\sigma}\} \mathrm{d}\Omega$$

实际就是与单元的应力相对应的结点力，而式（2-48）定义的

$$\{\boldsymbol{\varPsi}\} = \sum \int_{\Omega^e} [\boldsymbol{B}]^{\mathrm{T}} \{\boldsymbol{\sigma}\} \mathrm{d}\Omega - \{\boldsymbol{F}\}$$

则是结点的不平衡力。若应力 $\{\boldsymbol{\sigma}\}$ 为真实解，则 $\{\boldsymbol{\psi}\}=0$，即为式 $\sum \int_{\Omega^e}[\boldsymbol{B}]^{\mathrm{T}}\{\boldsymbol{\sigma}\}\mathrm{d}\Omega=\{\boldsymbol{F}\}$。

实际上，这就是以结点力形式表示的平衡方程。

与此相对应，用 FLAC 求解时，以运动方程代替平衡方程，得到

$$[\boldsymbol{m}]\left\{\frac{\mathrm{d}v}{\mathrm{d}t}\right\} = \{\boldsymbol{\varPsi}\} - \{\boldsymbol{R}\} \qquad (2\text{-}63)$$

式中的 $[\boldsymbol{m}]$ 为质量矩阵，$\{\boldsymbol{R}\}$ 为阻尼力。由于 FLAC 求解时不需进行矩阵运算，故通常将上式以结点的形式表示为

$$M^j\left(\frac{\mathrm{d}v_i}{\mathrm{d}t}\right)^j = \varPsi_i^j + R_i^j \quad (i=1,2,3;\ j=1,2,3,\cdots,N_n) \qquad (2\text{-}64)$$

式中，下标 i（$i=1,2,3$）表示位移、速度、力等矢量在 x、y、z 方向的分量，上标 j 表示所对应的结点，共 N_n 个。M^j 为所有以结点 j 为顶点的四面体单元在 j 结点的结点质量和。$\varPsi_i^j$ 为结点 j 在 i 方向上的不平衡力，其计算公式为

$$\varPsi_i^j = \sum^j \left(\frac{P_i}{3} + \frac{\overline{F}_i V}{4}\right) + \sum^j F_i \qquad (2\text{-}65)$$

式中，$\sum^j$ 表示对以结点 j 为单元顶点的单元面或单元体求和。如图 2-9 所示，其中 $P_i/3$ 是单元中的应力转换成结点 j 在 i 方向上的力，并有

$$P_i = \sigma_{ik} n_k S \qquad (2\text{-}66)$$

式中的 σ_{ik}（$i=1$，2，3；$k=1$，2，3）是单元应力（对 4 结点四面体单元，其单元体内各点的应力相同），n_k（$k=1$，2，3）是单元面的法线方向在 x、y、z 方向的分量，S 是单元面的面积。

计算时，当前时刻 $t+\Delta t$ 的应力为上一时刻 t 的应力与 $t\to t+\Delta t$ 对应的应力增量之和，即

$$\sigma_{ik}(t+\Delta t)=\sigma_{ik}(t)+\Delta\sigma_{ik} \tag{2-67}$$

式中的 $\Delta\sigma_{ik}$ 与应变增量有关，因而与速率 $\mathrm{d}v_i/\mathrm{d}t$ 有关，对非线性材料，还与应力 σ_{ik} 有关。

$\overline{F}_iV/4$ 是单元的体积力转换成结点 j 在 i 方向上的力，其中 $\overline{F}$ 为作用于单位体积上的体力，V 是单元的体积。F_i 是结点 j 上对应于已知外荷载的结点力。

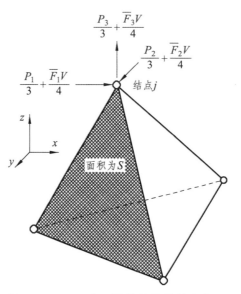

图 2-9　FLAC 中四面体单元的结点力

R_i^j 为阻尼力，并有

$$R_i^j=-\alpha\left|F_i^j\right|\mathrm{sign}(v_i^j) \tag{2-68}$$

式中，α 为阻尼系数，其缺省值为 0.8。此外，符号函数

$$\mathrm{sign}(x)=\begin{cases}+1\ (x>0)\\-1\ (x<0)\\0\ \ (x=0)\end{cases} \tag{2-69}$$

将式（2-64）左侧的 $\dfrac{\mathrm{d}v_i}{\mathrm{d}t}$ 以差分形式表示，则有

$$v_i^j(t+\Delta t/2)=v_i^j(t-\Delta t/2)+\frac{\Delta t}{M^j}(F_i^j+R_i^j) \tag{2-70}$$

此即为其显示格式的计算公式。

在一个时步 $t\to t+\Delta t$ 内，其求解过程可归结为以下步骤：

（1）由结点速度 $\dfrac{\mathrm{d}v_i}{\mathrm{d}t}$ 推导出应变速率 $\dfrac{\mathrm{d}\varepsilon_{ij}}{\mathrm{d}t}$。

（2）利用本构方程，由上一时步 t 的应变速率和应力计算新的应力 σ_{ij}。

（3）利用运动方程（2-70），由应力和力计算新的结点速度和位移。

（4）计算各结点的质量 M_i、不平衡力 $\Psi_i^{\,j}$、阻尼力 $R_i^{\,j}$。

从 $t=0$ 开始，每个时步重复以上步骤，并记录模型中的最大不平衡力，若近于 0，则表示系统最终达到平衡状态；若接近一个非 0 值，则表明系统一部分或全部达到稳定的塑性流动状态。

2.3.7　有限元法与 FLAC 法计算原理的对比

通过以上介绍，对有限元法及 FLAC 法的计算原理已有基本的认识。以上述固体力学问题的求解为例，通过对比可以发现：

（1）两种方法都是通过虚功原理（也可用其他方法）将所求问题的微分方程转化为积分方程的形式。

（2）两者都需对计算区域离散化，将计算区域离散为单元。通过离散化的手段，将积分方程的求解转化为以结点位移或速度为变量的代数方程组。

（3）有限元法以位移为基本量（控制量），对整个受力变形过程进行计算，并直接求解方程组，得到所有结点的位移，并由此计算应变、应力等量。FLAC 法以时间为控制量（对未涉及时间因素的问题，实际为虚拟时间），对整个受力变形过程进行计算，实际就是将静力学问题转化为动力学问题计算。

（4）时间因素的引入，使 FLAC 在计算时不仅要对计算区域（空间）进行离散化，还需对时间进行离散化，在以对速度的差分形式代替其微分后，进行计算，这也许是将 FLAC 归于差分法的原因。但实际上，用有限元法计算动力学、流变等问题时，同样也需将其中变量进行差分处理。因此，是否应用差分法并不是有限元法和 FLAC 法的主要区别。

仍以固体力学问题为例，一般来讲，与有限元法相对应的差分法通常是指对计算领域（即空间上的）差分。在有限元法之前，这种方法曾广泛用于梁、板复杂弯曲问题的求解。以梁的计算为例，将梁离散化，划分为每段长度为 Δx 的单元，则前述的式（2-1）可用差分的形式表示为

$$\frac{1}{6\Delta x^4}(-w_{i-3}+12w_{i-2}-39w_{i-1}+56w_i-39w_{i+1}+12w_{i+2}-w_{i+3})=q_i \qquad （2\text{-}71）$$

上式就是结点 i 的差分方程，用类似的方法，并结合边界条件，可建立所有结点的差分方程，求解后即可得到各结点的挠度值 w_1、w_2、w_3……。

（5）如（3）中所述，有限元法以位移为待求量，求得位移后，再由此求得应变、

应力等量，这一特点使得它无法用于非稳定材料——如具有应变软化特性的岩石、土的问题的求解，更无法用于非稳定问题——如隧道洞室围岩在施工中局部塌落（即部分岩体与原围岩分离）的模拟。而 FLAC 的计算以时间为控制量，通过时间增长控制速度，进而控制位移的发展变化量，因此不会出现有限元计算时因位移发散而导致计算失败的情况，这是 FLAC 算法的一个突出优点。

（6）对比式（2-44）与式（2-70）可以看出，FLAC 不需进行有限元法中那样的大型矩阵计算，因此对计算机内存量的要求相对较低。但对有些问题，FLAC 的求解时间可能会很长。

2.4 岩土材料的本构关系

本构关系即应力-应变关系，是对材料受力变形特性的描述，对计算结果有重要的影响。常用的本构关系有线弹性模型、非线性弹性模型及弹塑性模型。在考虑材料的流变或蠕变特性时，还可采用黏弹性、黏弹塑性等各类黏性模型。

最简单的材料模型是线弹性本构关系，即应力与应变之间满足广义虎克定律。以矩阵形式表示，有

$$\{\boldsymbol{\sigma}\} = [\boldsymbol{D}]\{\boldsymbol{\varepsilon}\} \tag{2-72}$$

式中，$\{\boldsymbol{\sigma}\}$、$\{\boldsymbol{\varepsilon}\}$ 分别为应力与应变，$[\boldsymbol{D}]$ 为弹性矩阵，与弹性模量 E、泊松比 v 有关，即

$$[\boldsymbol{D}] = \frac{E(1-v)}{(1+v)(1-2v)} \begin{bmatrix} 1 & & & & & \\ \dfrac{v}{1-v} & 1 & & \text{对} & & \\ \dfrac{v}{1-v} & \dfrac{v}{1-v} & 1 & & \text{称} & \\ 0 & 0 & 0 & \dfrac{1-2v}{2(1-v)} & & \\ 0 & 0 & 0 & 0 & \dfrac{1-2v}{2(1-v)} & \\ 0 & 0 & 0 & 0 & 0 & \dfrac{1-2v}{2(1-v)} \end{bmatrix} \tag{2-73}$$

显然，线弹性本构模型与大多数岩、土的实际力学特性相差较大，一般多在解析法计算时使用。相比之下，数值方法的求解能力要强得多，可根据需要，采用各类非线性模型求解。

岩、土的种类繁多，性质复杂，为反映其力学特性，国内外学者提出了很多计算模型，以下介绍几个不同类型的模型。

2.4.1　非线性弹性模型

土的非线性弹性本构模型中，以 Duncan-Chang 模型最具代表性，该模型在我国水利水电、交通、建筑工程等领域的岩土工程中有广泛的应用，并积累了丰富的经验和资料。除此之外，还有 K-G 模型、Naylor 模型等。下面以 Duncan-Chang 模型为例做简要介绍。

其本构关系的表达式为

$$\{d\boldsymbol{\sigma}\} = [\boldsymbol{D}_t]\{d\boldsymbol{\varepsilon}\} \tag{2-74}$$

式中，$[\boldsymbol{D}_t]$ 的形式与式（2-73）中的 $[\boldsymbol{D}]$ 相同，但其中的 E、ν 不再为常数，而是取决于应力状态的变量，以 E_t、ν_t 表示，有

$$E_t = Kp_a\left(\frac{\sigma_3}{p_a}\right)^n\left[1 - \frac{R_f(\sigma_1-\sigma_3)(1-\sin\varphi)}{2c\cos\varphi + 2\sigma_3\sin\varphi}\right]^2 \tag{2-75}$$

式中，p_a 为大气压力值，K 和 n 为试验参数，由三轴试验确定。并有

$$R_f = \frac{(\sigma_1-\sigma_3)_f}{(\sigma_1-\sigma_3)_{ult}} \tag{2-76}$$

式中，$(\sigma_1-\sigma_3)_{ult}$ 为极限偏差应力，即应变趋于无穷大时对应的 $(\sigma_1-\sigma_3)$；$(\sigma_1-\sigma_3)_f$ 则为破坏时对应的 $(\sigma_1-\sigma_3)$，根据 Mohr-Coulomb 强度准则，有

$$(\sigma_1-\sigma_3)_f = \frac{2c\cos\varphi + 2\sigma_3\sin\varphi}{1-\sin\varphi} \tag{2-77}$$

图 2-10 所示为 $(\sigma_1-\sigma_3)$-ε_1 的关系曲线，其切线的斜率即为 E_t。可以看出，随着应力差 $\sigma_1-\sigma_3$ 的增大，其变形速率越来越大，最终接近破坏时，变形趋于无穷，这与土的受力变形的基本特性是相符的。

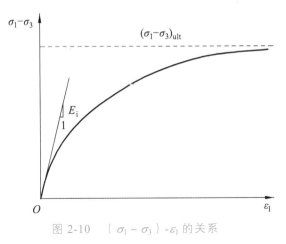

图 2-10　$(\sigma_1-\sigma_3)$-ε_1 的关系

泊松比 ν_t 的计算公式为

$$\nu_t = \frac{G - F\lg(\sigma_3/p_a)}{\left\{1 - \dfrac{D(\sigma_1 - \sigma_3)}{Kp_a(\sigma_3/p_a)^n\left[1 - \dfrac{R_f(\sigma_1 - \sigma_3)(1 - \sin\varphi)}{2c\cos\varphi + 2\sigma_3\sin\varphi}\right]}\right\}^2} \tag{2-78}$$

式中的 G、F 为试验常数，由三轴试验确定。用上式计算得到的泊松比可能大于 0.5，这显然与其物理意义不符。在实际计算时，ν_t 的最大值可取至 0.49（接近 0.5 时会导致求解方程的病态）。

由于土的变形中同时包括弹性变形和塑性变形，其卸载模量和再加载模量 E_{ur} 与上述切线变形模量 E_t 不同，而且显然 $E_{ur} > E_t$。隧道、基坑、边坡等工程的开挖是一个卸载过程，因此，卸载模量 E_{ur} 的合理选择对此类计算非常重要。

通常，在卸载、再加载的循环过程中，卸载曲线和加载曲线比较接近，故可认为卸载模量和加载模量相同。试验结果表明，E_{ur} 可近似地表示为

$$E_{ur} = K_{ur}p_a(\sigma_3/p_a)^n \tag{2-79}$$

式中的 n 同式（2-75），且 $K_{ur} > K$。

在计算时，为判断一点的应力变化属加载还是卸载过程，需相应的加-卸载准则。由于 Duncan-Chang 模型并非弹塑性模型，故无法应用塑性理论中的方法来判断。Duncan 等学者提出了一些经验方法，此处不再赘述。

可以看出：

（1）与线弹性模型相比，Duncan-Chang 模型所表现出的非线性的特点与土的实际力学特性更为接近。而且虽为弹性模型，但实际上也考虑了土的强度及破坏因素的影响。

（2）在岩土工程计算中，也经常采用以 Mohr-Coulomb 准则、Drucker-Prager 准则为屈服准则的理想弹塑性模型。在进入屈服破坏之前，该类模型表现出的是线性的应力应变关系，屈服破坏之后才表现出非线性，这与土的特性显然是不相符的，对变形问题，这样的模型显然是不合理的。而 Duncan-Chang 模型中，非线性的特点体现在土的整个受力变形过程中。

（3）本构模型中的参数 K、n、R_f、G、F 都是通过常规三轴试验确定的，可较为方便地获取。

不难看出，Duncan-Chang 模型适用于正常固结以及弱超固结黏土及砂、石料等应变硬化型材料，不适于严重超固结土、密实的砂和具有应变软化特性的土。

2.4.2　弹塑性模型

1. 弹塑性模型的一般原理

（1）屈服准则

当材料由弹性状态开始进入塑限屈服状态时应满足的条件称为屈服准则，通常可表示为应力 σ_{ij}（$i=1$，2，3；$j=1$，2，3）的函数。即

$$f(\sigma_{ij})=0 \tag{2-80}$$

或以主应力形式表示为

$$f(\sigma_1,\sigma_2,\sigma_3)=0 \tag{2-81}$$

在计算时，则多将其用应力不变量、偏应力不变量的形式表示。

（2）加载和卸载

对理想弹塑性材料，其加载条件和屈服条件是相同的。对硬化材料，其加载条件可表示为

$$f(\sigma_{ij},H)=0 \tag{2-82}$$

式中 H 是塑性应变的函数，即

$$H=H(\varepsilon_{ij}^{\mathrm{p}}) \tag{2-83}$$

如图 2-11 所示，当应力发生变化 $\mathrm{d}\sigma_{ij}$ 时，判断其加、卸载的方法如下：

① $f=0$ 表示当前处于塑性状态。此时：

$\dfrac{\partial f}{\partial \sigma_{ij}}\mathrm{d}\sigma_{ij}>0$ 为加载，将产生弹性变形和塑性变形；

$\dfrac{\partial f}{\partial \sigma_{ij}}\mathrm{d}\sigma_{ij}=0$ 为中性变载，只产生弹性变形；

$\dfrac{\partial f}{\partial \sigma_{ij}}\mathrm{d}\sigma_{ij}<0$ 为卸载，只产生弹性变形。

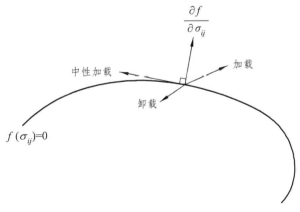

图 2-11　加载和卸载

② $f<0$ 表示当前处于弹性状态，应力变化只产生弹性变形。

（3）流动法则

按照正交定律，塑性应变增量可表示为

$$d\varepsilon_{ij}^{p} = d\lambda \frac{\partial g}{\partial \sigma_{ij}}$$ （2-84）

以矩阵形式，表示为

$$\{d\boldsymbol{\varepsilon}^{p}\} = d\lambda \frac{\partial g}{\partial \{\boldsymbol{\sigma}\}}$$ （2-85）

式中，$g = g(\sigma_{ij}, H)$ 为塑性势函数。由式（2-82）可推得

$$d\lambda = \frac{\left(\frac{\partial f}{\partial \{\boldsymbol{\sigma}\}}\right)^{T} \{d\boldsymbol{\sigma}\}}{A}$$ （2-86）

式中

$$A = -\frac{\partial f}{\partial H} \left(\frac{\partial H}{\partial \{\boldsymbol{\varepsilon}^{p}\}}\right)^{T} \frac{\partial g}{\partial \{\boldsymbol{\sigma}\}}$$ （2-87）

为塑性硬化模量。

（4）弹塑性矩阵

弹塑性本构关系以增量形式表示为

$$\{d\boldsymbol{\sigma}\} = [\boldsymbol{D}^{ep}]\{d\boldsymbol{\varepsilon}\}$$ （2-88）

式中，$[\boldsymbol{D}^{ep}]$ 为弹塑性矩阵。

如图 2-12 所示，对弹塑性材料，有

$$\{d\boldsymbol{\varepsilon}\} = \{d\boldsymbol{\varepsilon}^{e}\} + \{d\boldsymbol{\varepsilon}^{p}\}$$ （2-89）

式中的 $\{d\boldsymbol{\varepsilon}^{e}\}$ 为弹性应变增量。同时，有

$$\{d\boldsymbol{\sigma}\} = [\boldsymbol{D}]\{d\boldsymbol{\varepsilon}^{e}\}$$ （2-90）

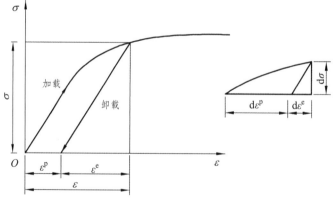

图 2-12　弹塑性材料的应力-应变关系

综合式（2-85）至式（2-90），可得弹塑性矩阵的计算公式为

$$[\boldsymbol{D}^{\mathrm{ep}}] = [\boldsymbol{D}] - \frac{[\boldsymbol{D}]\dfrac{\partial g}{\partial\{\boldsymbol{\sigma}\}}\left(\dfrac{\partial f}{\partial\{\boldsymbol{\sigma}\}}\right)^{\mathrm{T}}[\boldsymbol{D}]}{A + \left(\dfrac{\partial f}{\partial\{\boldsymbol{\sigma}\}}\right)^{\mathrm{T}}[\boldsymbol{D}]\dfrac{\partial g}{\partial\{\boldsymbol{\sigma}\}}} \tag{2-91}$$

在计算时，若塑性势函数取为加载函数，即 $g = f$，则称为相关联流动法则；否则，若取 $g \neq f$，则为非关联流动法则。

根据上述理论，可建立不同的弹塑性本构模型。

2. Mohr-Coulomb 屈服准则和 Drucker-Prager 屈服准则

Mohr-Coulomb 破坏准则是广为应用的岩土材料的破坏准则，采用弹塑性理论进行计算时，常将岩土体视为以该准则为屈服条件的理想弹塑性材料，Drucker-Prager 屈服准则是其改进形式。

① Mohr-Coulomb 准则

Mohr-Coulomb 准则的屈服函数为

$$f = \frac{1}{2}(\sigma_1 - \sigma_3) - \frac{1}{2}(\sigma_1 + \sigma_3) \cdot \sin\varphi - c \cdot \cos\varphi \tag{2-92}$$

或以不变量的形式表示为

$$f = \frac{1}{3}\sin\varphi \cdot I_1 + \sqrt{J_2}\cos\varphi - \sqrt{\frac{J_2}{3}}\sin\varphi\sin\theta - c \cdot \cos\varphi \tag{2-93}$$

式中，I_1 为应力张量第一不变量，$I_1 = \sigma_1 + \sigma_2 + \sigma_3$；$J_2$ 为偏应力第二不变量，$J_2 = \frac{1}{6}[(\sigma_1 - \sigma_2)^2 + (\sigma_2 - \sigma_3)^2 + (\sigma_3 - \sigma_1)^2]$；$\theta$ 为 Lode 角，其定义为 $\theta = \frac{1}{3}\arcsin\left[\dfrac{9J_3}{2\sqrt{3}(J_2)^{\frac{3}{2}}}\right]$，取值范围为 $[-\pi/6，\pi/6]$；J_3 为偏应力第三不变量，$J_3 = (\sigma_1 - \frac{1}{3}I_1)(\sigma_2 - \frac{1}{3}I_1)(\sigma_3 - \frac{1}{3}I_1)$。

在主应力空间中，Mohr-Coulomb 屈服面是一个六面锥体，如图 2-13 中所示。

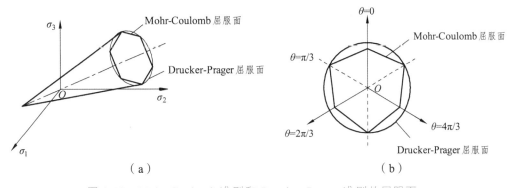

图 2-13　Mohr-Coulomb 准则和 Drucker-Prager 准则的屈服面

② Drucker-Prager 准则

Mohr-Coulomb 准则的屈服面在棱角处的外法线的方向导数不连续,这会给数值计算带来一定的麻烦。若将锥体改为圆锥,则可避免该问题,是为 Drucker-Prager 准则,如图 2-13 中所示。其表达式为

$$f = \alpha I_1 - \sqrt{J_2} + k \tag{2-94}$$

式中,k 为材料参数,使 Drucker-Prager 的屈服面的锥顶和 Coulomb 棱锥的锥顶重合,则当 Drucker-Prager 的屈服面在 π 平面上的圆与 Coulomb 六边形的外顶点重合时,可得

$$\alpha = \frac{2\sin\varphi}{\sqrt{3}(3-\sin\varphi)}, \quad k = \frac{6c\cos\varphi}{\sqrt{3}(3-\sin\varphi)} \tag{2-95}$$

当 Drucker-Prager 的屈服面在 π 平面上的圆与 Coulomb 六边形的内顶点重合时,可得

$$\alpha = \frac{2\sin\varphi}{\sqrt{3}(3+\sin\varphi)}, \quad k = \frac{6c\cos\varphi}{\sqrt{3}(3+\sin\varphi)} \tag{2-96}$$

在平面应变情况下,有

$$\alpha = \frac{\tan\phi}{\sqrt{9+12\tan^2\phi}}, \quad k = \frac{3c}{\sqrt{9+12\tan^2\phi}} \tag{2-97}$$

屈服函数 f 确定后,代入式(2-91)即可确定计算所需的弹塑性矩阵。其中,可采用相关联流动,即取 $g = f$;也可将 f 中内摩擦角 φ 代之以剪胀角 ψ($0 \leq \psi \leq \varphi$)作为 g,即采用非关联流动法则,从而与岩、土材料的受力变形特性更为相符。

可以看出,上述模型中,岩、土材料只有进入屈服破坏阶段后,才会发生塑性变形,而实际上塑性变形是伴随于土的整个受力变形过程的。因此,该类模型适用于地基承载力、边坡稳定等以强度为主的问题,不适于沉降计算等变形分析的问题。

为更好地反映土的受力变形特性,国内外学者先后提出一系列的弹塑性模型,如剑桥模型(Cam-Clay)、Lade-Duncan 模型、清华模型等,它们能够反映出整个受力变形过程中土的塑性变形,特别是塑性体积应变的影响。下面以剑桥模型为例,简要介绍其基本原理。

2.4.3　剑桥模型(Cam-Clay)

剑桥模型是由英国剑桥大学 Roscoe 教授等人以正常固结和弱超固结土的试验结果为基础建立的土的弹塑性模型。

图 2-14(a)所示为黏性土的压缩曲线(e-lg$p$ 曲线),可以看出,若在加载的过程中卸载,其变形只能恢复一部分,这表明塑性变形是存在于整个变形过程的。此外,将图(a)旋转 90° 后与塑性硬化材料的应力-应变(σ-ε)关系曲线对比,会发现两者

有很大的相似性：前者的超固结部分对应于后者的弹性加载（卸载）部分，而正常固结部分对应于塑性硬化部分。因此，可将土视为塑性硬化材料，按前述的塑性理论进行分析计算。

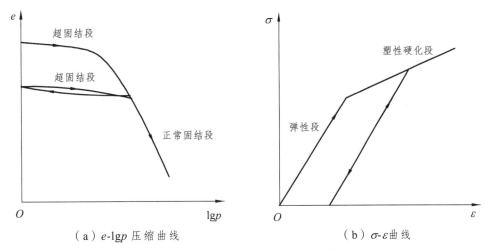

（a）e-$\lg p$ 压缩曲线　　　　　（b）σ-ε曲线

图 2-14　e-$\lg p$ 曲线和σ-ε曲线的比较

以 p、q 分别表示平均主应力和广义剪应力，即

$$p = \frac{1}{3}(\sigma_1' + \sigma_2' + \sigma_3') \qquad (2\text{-}98)$$

$$q = \frac{1}{\sqrt{2}}\sqrt{(\sigma_1' - \sigma_2')^2 + (\sigma_2' - \sigma_3')^2 + (\sigma_1' - \sigma_3')^2} \qquad (2\text{-}99)$$

式中的应力为有效应力。与 p、q 相对应的塑性应变为

$$\varepsilon_v^p = \varepsilon_1^p + \varepsilon_2^p + \varepsilon_3^p \qquad (2\text{-}100)$$

$$\varepsilon_s^p = \frac{\sqrt{2}}{3}\sqrt{(\varepsilon_1^p - \varepsilon_2^p)^2 + (\varepsilon_2^p - \varepsilon_3^p)^2 + (\varepsilon_1^p - \varepsilon_3^p)^2} \qquad (2\text{-}101)$$

可将土的屈服函数视作 p、q 及相应的塑性应变的函数。

取正常固结和弱超固结土进行常规三轴试验，此时 $q = \sigma_1' - \sigma_3'$。图 2-15（a）中的

$$q = Mp \qquad (2\text{-}102)$$

为土的破坏线。按 Mohr-Coulomb 强度理论，有

$$\sigma_1' = \frac{1 + \sin\varphi}{1 - \sin\varphi}\sigma_3' \qquad (2\text{-}103)$$

故有

$$M = \frac{q}{p} = \frac{\sigma_1' - \sigma_3'}{\frac{1}{3}(\sigma_1' + 2\sigma_3')} = \frac{6\sin\varphi}{3 - \sin\varphi} \qquad (2\text{-}104)$$

图 2-15（b）中的两条 $e\text{-}p$ 曲线则分别对应于两个极端状态——等向压缩（$q = 0$）和临界状态。土的塑性应变的信息就包含在 $e\text{-}p$ 曲线中。

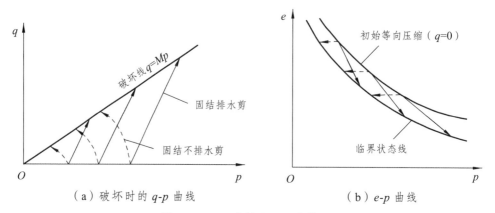

（a）破坏时的 $q\text{-}p$ 曲线　　　　（b）$e\text{-}p$ 曲线

图 2-15　$q\text{-}p$ 曲线和 $e\text{-}p$ 曲线

若假设塑性功

$$\mathrm{d}W^{\mathrm{p}} = Mp\mathrm{d}\varepsilon_{\mathrm{s}}^{\mathrm{p}} \tag{2-105}$$

则按照塑性理论，可推得

$$\frac{q}{Mp} + \ln p = p_0 \tag{2-106}$$

此即剑桥模型的屈服方程。

若假设

$$\mathrm{d}W^{\mathrm{p}} = p\sqrt{(\mathrm{d}\varepsilon_{\mathrm{v}}^{\mathrm{p}})^2 + (\mathrm{d}\varepsilon_{\mathrm{s}}^{\mathrm{p}})^2} \tag{2-107}$$

则可得到修正的剑桥模型的屈服方程

$$\left(1 + \frac{q^2}{M^2 p^2}\right) p = p_0 \tag{2-108}$$

它比原模型更符合土的变形特征，也有更为广泛的应用，其屈服轨迹如图 2-16 中所示。

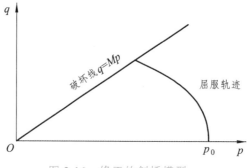

图 2-16　修正的剑桥模型

屈服方程中，p_0 的增大表示屈服轨迹由一条屈服曲线扩展到另一条曲线，实际上反映的就是土的硬化特性。将 p_0 设为 ε_v^p 的函数，以下根据土的等向压缩试验结果，来确定其表达式。

图 2-17 所示为土样由 $p_a \rightarrow p_0$ 等向压缩的初始压缩曲线及回弹曲线。

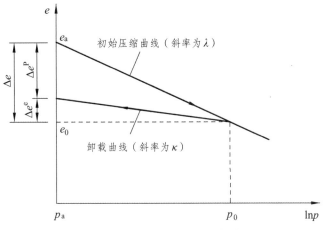

图 2-17 等向压缩的 e-ln$p$ 曲线

由图 2-17 可知，在此过程中，孔隙比的变化为

$$\Delta e = -\lambda(\ln p_0 - \ln p_a) \tag{2-109}$$

其中，弹性孔隙比的变化为

$$\Delta e^e = -\kappa(\ln p_0 - \ln p_a) \tag{2-110}$$

因此，塑性孔隙比的变化为

$$\Delta e^p = \Delta e - \Delta e^e = -(\lambda - \kappa)(\ln p_0 - \ln p_a) \tag{2-111}$$

式中，p_a 为初始应力，若当前应力为 0，则 p_a 取前期固结压力，与 p_a 对应的孔隙比为 e_a，故塑性体积应变为

$$\varepsilon_v^p = -\frac{\Delta e^p}{1+e_a} = \frac{\lambda-\kappa}{1+e_a}(\ln p_0 - \ln p_a) \tag{2-112}$$

因此有

$$p_0 = p_a \cdot \exp\left(\frac{1+e_a}{\lambda-\kappa} \cdot \varepsilon_v^p\right) \tag{2-113}$$

再将上式代入式（2-108），得到修正剑桥模型屈服方程的最终表达式为

$$\left(1+\frac{q^2}{M^2 p^2}\right)p = p_a \cdot \exp\left(\frac{1+e_a}{\lambda-\kappa} \cdot \varepsilon_v^p\right) \tag{2-114}$$

屈服方程建立后，应用前面介绍的塑性理论，可推得数值计算所需的弹塑性矩阵。

修正的剑桥模型属"帽子"模型，能较好地反映正常固结和弱超固结土的变形特性，有较为广泛的应用。此外，如图 2-16 所示，该模型的屈服轨迹的斜率始终为负，$\mathrm{d}\varepsilon^\mathrm{p}$ 的斜率为正，在横轴方向的分量 $\mathrm{d}\varepsilon_v^\mathrm{p}$ 只能是正值，即压缩的，因此该模型只能反映土的剪缩性，不能反映剪胀性。

2.5 结构-岩土体相互的模拟

各类岩土结构与岩土体之间都存在着接触界面，如桩-土体、衬砌-围之间的接触界面。接触面的力学特性既不同于岩土体，更不同于结构，在计算中能否对其进行合理的模拟，对计算结果有着重要的影响。

接触界面属不连续面，以图 2-18 所示的支护结构-土体接触为例，接触面具有以下主要力学特性：

① 当界面上的切向应力超过其相应的抗剪强度时，会沿切向产生相对滑移；

② 应始终满足变形相容条件，即两接触体不能相互侵入。

以下简要介绍其计算模型。

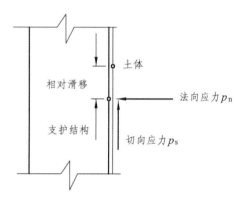

图 2-18　支护结构与土体之间的接触界面

2.5.1　采用弹簧单元模拟岩土体-结构的相互作用

在有限元计算的早期阶段，常借用 Goodman 节理单元模拟岩土体-结构的相互作用。如图 2-19 所示，Goodman 单元的计算模型中，假设接触面上一点的切向作用力 p_s、法向作用力 p_n 与该处结构与土体间的相对位移 Δu、Δv 具有关系

$$p_\mathrm{s} = K_\mathrm{s} \cdot \Delta u \qquad\qquad (2\text{-}115)$$

$$p_\mathrm{n} = K_\mathrm{n} \cdot \Delta v \qquad\qquad (2\text{-}116)$$

式中，K_s、K_n 分别为切向刚度系数和法向刚度系数。

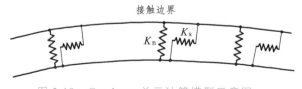

图 2-19　Goodman 单元计算模型示意图

在实际应用过程中，Goodman 单元也在不断改进。图 2-20 所示为 FLAC 中的接触面模型，可以看出，除以弹簧模拟界面两侧物体的相互作用外，还可模拟沿界面切向的相对滑移，以及接触面的张开等接触状态。

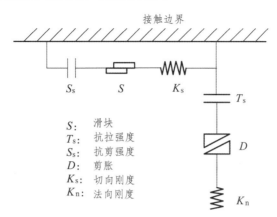

接触边界

S_s　　S　　K_s

T_s

D

K_n

S:　　滑块
T_s:　抗拉强度
S_s:　抗剪强度
D:　　剪胀
K_s:　切向刚度
K_n:　法向刚度

图 2-20　FLAC 中的接触面模型

从本质上看，该类模型的基本特性类似于著名的 Winkler 地基模型的特点，即：一点的作用力由该点的位移确定，与其他点无关。但事实上，应用固体力学的基本知识进行分析就可知道，变形体中一点处的应力显然无法仅由该点的位移确定。因此，弹簧单元反映出的接触特性，与实际的岩土体与结构之间的相互作用是有较大差距的。

另一方面，为满足变形相容条件——土体、结构之间不会发生相互侵入的情况，因此其法向相对位移 Δv 应为 0。由式（2-115）可知，这就需在计算时将法向刚度 K_n 取成很大的值，但取值过大会导致方程组出现病态甚至无法求解。反之，K_n 偏小时，Δv 将不为 0，这意味着土体、结构之间产生了侵入现象。

2.5.2　按固体力学接触问题求解

事实上，结构与岩土体之间的相互作用可归于固体力学中的接触问题。目前，一般的大型通用有限元软件中，都有求解接触问题的功能，以下简要介绍该求解方法的原理及特点。

1. 变形相容条件

对大多数岩土工程问题来说，结构与岩土体之间一开始就是密贴在一起的。但像装配式衬砌隧道、盾构隧道之类的工程，衬砌结构与岩土体之间开始时存有间隙，岩土体变形后逐渐密贴，如图 2-21 所示。

在接触问题求解时，假设两变形体在开始时是分离的（密贴只是初始间距为 0 的分离状态），受力变形后开始接触并产生相互作用。

如图 2-22 所示，计算时，需将两个接触体中的一个定义为主体，另一个定义为从体。对岩土工程问题，通常将土体定义为从体，而将支护结构定义为主体。假设接触边界上主体、从体的位移分量分别为 u_i、u_i'，相应的法向位移分量为 u_n、u_n'，则为保证其互不侵入，应有

$$g_n = (u_i' - u_i)n_i + g_n^0 = -u_n' - u_n + g_n^0 \geq 0 \tag{2-117}$$

式中，g_n 称为法向间隙函数。显然，当 $g_n > 0$ 时，未发生接触；当发生接触时，应取 $g_n = 0$。

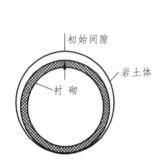

图 2-21　衬砌-土体之间的初始间隙

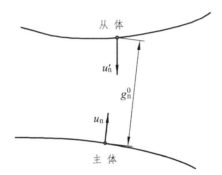

图 2-22　变形相容条件

由于边界上同一点处的法线方向是随物体的受力变形而不断变化的，同时边界上的点也不是仅沿法向位移，因此无法从初始状态一次性地直接预测最终的接触状态，而需随着物体受力变形状态的改变，不断地应用式（2-117）对两个物体之间的关系（接触状态）进行判断，这一过程十分复杂。不过，对大多数岩土工程问题来说，结构与岩土体在开始时就处于接触状态，而且一般只需作为小变形问题，其计算过程要简单得多。

2. 受力条件

处于接触状态时，接触边界上的一点可能的接触状态有两种：黏结或滑移。

当接触面上一点处的切向应力小于该点的抗剪强度时，两侧的点保持黏结状态，不产生相对滑移。

当切向应力达到抗剪强度时，在该点沿切向产生相对滑移，如图 2-23 所示。

以目前广为采用的 Coulomb 定律为例，此时接触面切向应力 p_s 应满足

$$p_s \leq -(c_B + \mu |p_n|)\mathrm{sign}(\dot{g}_s) \tag{2-118}$$

式中，g_s 是沿切向的相对滑移，因此上式表明切向应力与相对滑移的速度（增量）的方向相反。c_B、μ 分别为接触面的黏聚力及摩擦系数，一般取常数，但也可以认为是相对滑移速度等量的函数。此外，对平面问题，p_s 是接触边界上的切向力；而对三维问题，p_s 是接触面上的最大剪应力，如图 2-24 所示，显然，这是接触体发生相对滑移的方向。

可以看出，与非接触问题相比，接触问题就是要在计算中使反映接触特性的式（2-117）、（2-118）得到满足。

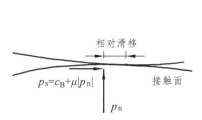

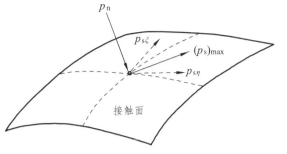

图 2-23　接触边界上的作用力及相对滑移　　　　图 2-24　三维问题接触边界上的作用力

与弹簧模型相比，按接触问题计算时不需额外地引入 K_s、K_n，只需黏聚力 c_B 及摩擦系数 μ 这两个较易获得的参数，即可将接触面的力学特性确定下来。

从数学的角度看，应用有限元法求解接触问题时，这两个式子相当于最优问题的约束条件。为使其得到满足，一般采用 Lagrange 乘子法及罚函数法。总的来说，接触问题的求解尚不像弹塑性及其他材料非线性问题的求解方法那样成熟。因此，在计算中，可能会出现正确的模型得不到合理结果，甚至无法求解的情况。为避免出现这样的问题，在计算时不宜建立过于复杂的力学模型。

2.6　有关岩土工程计算的几个问题

理论上讲，各类岩土工程问题最终归结为固体力学、流体力学等问题的求解，但其计算亦有一些自身特有的问题。

2.6.1　计算范围及边界条件

1. 计算区域确定

建立岩土工程问题的计算模型时，首先要确定岩土体的计算范围。虽然地层的范围很广，但岩土结构的影响范围有限，范围之外岩土体的位移及应力变化就很小，或者说，这部分岩土体对结构的影响很小。因此，计算区域要大于结构的影响范围，避免因范围过小而对计算精度产生较大影响；同时，也不宜过大，避免不必要地增加计算的工作量。计算区域的大小取决于岩土体性质的好坏、岩土结构的尺寸、开挖范围的大小等因素。例如，对浅埋基础，地基区域可取基底尺寸的 3 ~ 5 倍；对基坑问题，可取开挖深度的 3 ~ 5 倍，且一般来说，水平方向的范围应大于竖向的范围。当然，也可以采用无限元来模拟地层。

2. 边界条件

所谓边界条件，即边界上的已知位移、荷载或其他约束条件。以基坑为例，当所选地层计算区域足够大时，此区域之外的地层的应力及变形已基本不受基坑施工的影响，因此边界上的作用力可按地层中的初始地应力场（如自重应力场）确定，即采用应力边界；或令边界上的位移为零，即采用位移边界。只要计算范围足够大，这两种边界条件对其计算结果的影响不会太大。通常，多选用位移边界条件，且仅施加法向位移约束。

2.6.2 初始地应力场的确定及开挖构成的模拟

1. 初始地应力场的确定

岩土工程问题中，岩土体及岩土结构所受的荷载，一类来自岩土体外部，如上部结构传至基础，再传至地基的作用力；一类来自岩土体自身，如土体填筑在挡土结构上的土压力，以及基坑、边坡、地下结构工程中，因岩土体开挖所产生的不平衡力——开挖释放荷载，它由地层中的应力场确定。

地层中的初始地应力场一般由岩土体的自重产生，在开挖之前既已存在，由它产生的地层变形通常也已完成。因此，在计算时不能将岩土体的自重作为荷载直接计算岩土体及结构的受力变形，而应先计算由自重产生的初始应力场。

初始应力场的作用及影响主要体现在两方面：

（1）在基坑、边坡、地下结构等涉及开挖的问题中，初始地应力场是开挖产生释放荷载的根源。

（2）岩土材料为非线性材料，其力学行为与其所处的应力状态密切相关，所以无论是开挖问题，还是如地基基础之类的非开挖问题，都需确定地层中的初始地应力场。

对大部分岩土工程问题来说，初始地应力场直接通过计算来确定，即：按岩土体自重及所受的其他外荷载计算。对埋深较大的地下结构，也会采用现场量测的方法获得一些测点的应力，再按一定的准则推广到整个计算区域。

在计算时，可将初始应力场的确定作为一个工况。如前所述，因初始地应力场产生的位移通常早已完成，故在岩土有限元软件中，通常会将此位移自动赋零。

2. 开挖释放荷载

开挖是大多岩土工程施工中的重要内容。从计算分析的角度看，开挖使岩土体减少了部分实体，同时产生了开挖释放荷载，这也是地层应力状态发生变化、产生变形的主要原因。

以图 2-25 所示的地下连续墙支护的基坑为例，为计算开挖后的应力及变形[图 2-25（a）]，可将其看作图 2-25（b）、（c）两种情况的叠加。其中，图 2-25（b）所示为开挖前，地层中的初始地应力为 σ_0，墙两侧相应地作用有静止土压力 p_0。开挖后，墙的左侧面失去原土体的支撑，成为自由面，其上不再有作用力，这相当于在左侧面上施加一个与原作用力 p_0 大小相等，方向相反的力[图 2-25（c）]，这个力就是开挖释放荷载。

在开挖释放荷载作用下，位移场的变化量为 Δu，应力场的变化量为 $\Delta \sigma$，墙后土压力为 Δp，再与原位移场 u_0、应力场 σ_0、土压力 p_0 叠加，即为新的位移场 u、应力场 σ、土压力 p。依此类推，可逐步计算各步开挖后的应力及变形。

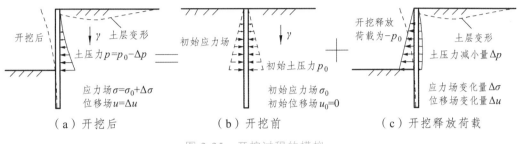

图 2-25　开挖过程的模拟

岩土工程施工过程中，有些支护结构是在开挖前先做的，如基坑工程中的排桩、地下连续墙等，有些是边开挖、边施加的，如土钉、预应力锚索等外锚及钢管等各类内撑。开挖后，地层中的应力及变形要经过一段时间后才会稳定，特别是对黏性土来说，这一过程会需较长的时间。因此，在实际施工中，本步开挖后，在施加外锚或内撑前，因开挖释放荷载所产生的应力及变形已完成了一部分；外锚或内撑施加后，所承担的是剩余的尚未完成的部分。在计算时，将开挖释放荷载分为前期（支护施加前）和后期（支护施加后）两部分，以模拟时间因素的影响。显然，土层的性质、开挖及支护施加的时间等因素将直接影响其前期、后期承担释放荷载的比例。在计算时，当土体采用流变模型（黏性本构关系）时，这一比例可通过计算自然得出。而采用弹塑性等非线性模型时，由于未涉及时间，故无法模拟荷载释放的过程，因此这一比例需人为确定。当无法确定时，可采用较为保守的处理方法，即在下一步开挖时施加上一步的外锚或内撑。

2.7　计算分析时应注意的几个问题

目前，有限元等数值计算方法在求解各类岩土工程问题中发挥出越来越重要的作用。为实现计算的目的，应做好计算模型的建立、计算过程的实现及对计算结果的处理与分析这 3 个主要环节的工作。

1. 计算模型的建立

对原型工程问题进行概化，建立合理的计算模型，是计算分析的关键步骤。建立模型时，首先应分析计算对象的特点及自己的计算目的，然后根据各类相关因素对计算目的影响的大小，做出合理的取舍，既不能使计算模型过于简单而失去问题的原貌，也不能一味求全，使问题变得不必要地复杂化，甚至过于复杂而无法完成计算。计算时应注意以下几个问题：

（1）岩土工程有限元法等数值方法的计算一般包括固体力学问题、渗流问题、温度场问题及它们之间的相互耦合。在实际计算时，应根据所算工程问题的特点及计算目的，选择合理的模型进行计算，应注意不要使问题不必要地复杂化。例如，按固体力学问题进行计算，可得到因开挖等产生的结构及土体的应力、变形等，目前应用最为普遍。若需进行基坑的降水分析，则可按单纯的渗流场问题计算。若需确定降水引起的地表沉降、饱和黏土的固结等问题，则需采用固-液耦合模型，与上述问题相比，其计算较为复杂。

（2）岩石及土均为非线性材料，因此在计算时，岩、土材料多采用非线性本构模型。岩、土材料的非线性本构模型很多，应综合所涉及的岩、土的类型和特性、计算目的和对计算精度的要求等各类因素，选择合理的模型。而构成岩土结构的混凝土、钢筋混凝土材料，通常可按线弹性材料考虑。

精细的模型也只有在所采用的材料参数也同样准确时，才能获得满意的结果。同时，复杂模型的计算也较为复杂，计算的风险性也随之加大。

（3）岩土体与结构之间的相互作用几乎所有岩土工程问题都会涉及，如前所述，按接触问题进行计算是较好的选择。一方面，接触界面对岩土体及结构的受力和变形往往有着很大的影响，因此应合理设置。另一方面，接触问题的解法目前并不十分成熟，过多地设置接触界面或设置形式过于复杂的界面，会给求解带来困难，甚至导致求解失败。一般来讲，只有在岩土体-结构之间发生相对滑移或分离时，接触面的作用才会体现，因此建模时，首先应根据所计算问题的特点和目的，确定岩土体-结构之间设置接触界面的必要性。例如，确定桩基承载力时在桩、土之间设置接触面的作用，显然大于确定地基沉降时在浅基础、土之间接触面的作用。

（4）几何非线性问题（大变形）的计算比几何线性（小变形）的计算要复杂得多。对一般的工程问题，按小变形问题计算就能获得满意的效果。如果按大变形问题，同时考虑岩土材料的非线性及因岩土体-结构接触的非线性，将显著地降低计算效率，并大大地增加计算失败的风险。

（5）应确定合理的地层计算区域。所取区域过小，无法模拟出地层半无限体的特点，影响计算结果的精度甚至正确性。范围过大，则不必要地加大了计算的规模，降低了计算效率。在网格划分时，应使应力变化较大的区域（如开挖区域周围）的网格细密些，变化较小的区域则可粗、疏些。注意到这一问题，对规模较大的问题（如三维、多种计算工况、动力学问题）计算效率的提高可能会产生明显的作用。

2. 计算过程的实现

前期准备工作完成后，进入相应的计算求解过程。应用商业软件计算时，这一过程通常不需人工干预而由计算机自动完成，但也会出现结果不合理、甚至计算无法完成的情况。对此，可从以下几方面分析：

（1）是否存在约束不全或设置不合理、网格形状不佳等数值计算中的一般性问题。

（2）排除了上述问题后，应进一步从计算模型方面考虑：

① 计算模型并无问题，但过于复杂，导致非线性问题的迭代无法收敛。出现这种情况时，可尝试对计算模型做一些调整，在容许的范围内对其进行简化，以改变其非线性特性或降低其非线性的程度，最终得到其收敛解。

② 岩土体（或结构）因强度不够而发生整体性的失稳破坏或出现大范围的破坏区域，使计算无法完成，如地基承载力已达到极限承载力、边坡已经失稳时。判断是否属于这种情况的一个简单、有效的方法是提高材料的强度参数或按弹性问题重新计算，若此举可使计算得以完成，则说明计算模型无误，此时就需判断材料参数的取值是否合理。

3. 计算结果的分析处理

虽然现有的商用有限元程序大多都配备有强大的后处理功能，但由于是通用程序，故所给出的结果通常并不能完全满足我们的具体需求，这就需在此基础上，对计算成果做进一步的处理，以直观的形式给出结构、土体的变形及受力的计算结果。例如基坑工程中，水平位移、弯矩、剪力等沿支护桩深度方向的分布情况，地表沉降随与基坑距离的分布情况等。

第3章 数值模拟的建模方法

岩体工程地质力学问题的概化模型是按数值计算的需要根据工程的地质结构和岩体力学特性建立的，它包含三项内容：一是通过对工程地质结构的分析得到地质概化模型；二是通过对工程岩体力学特性的分析得到岩体的力学模型；三是对建筑物、地质体进行几何网格的剖分得到计算模型。本章对这三项内容进行讨论。

3.1　岩体工程地质结构与地质概化模型

岩体工程地质结构是指工程所建位置（如边坡、隧道）的地质结构状况，它既涉及区域地质结构又涉及岩体本身的结构，但主要与工程处的岩体结构有关。因此，在建立地质概化模型之前应首先了解该处工程地质岩组的划分。岩组的划分以地层划分为基础，即先要分清各岩层所属的界、系、统、层。目的有二：一是由此可从地质史的角度了解岩石的成因、成岩作用及构造运动作用对岩体性能的影响；二是可以从岩体结构观点研究岩组的岩性及岩体中原生结构面的性质和分布规律，以便从大的范围确定建立地质概化模型的原则。

岩体受力后产生变形和位移。从岩体变形和破坏机理来看，除了与力的类型、作用方向和大小有关外，岩体结构是控制因素。岩体结构可分为结构面和由其分割而成的结构体两种成分。结构面是岩体中开裂的和易开裂的有一定厚度和充填物的地质界面，它包括岩体中各种原生结构面（如层理面、接触面等）、构造结构面（如断层面、错动面、节理面及劈理面）和次生结构面（风化和卸荷裂隙）。岩体的变形破坏常常是因结构体在外力作用下发生变形，沿结构面位移滑动的结果。因此，岩体结构面特别是软弱结构面的分布及特性，对岩体在工程荷载作用下的稳定性具有决定意义。实际岩体中的结构面非常多，可以根据其产状分为若干组，以便分析。

在地质模型概化过程中，往往根据解决问题的需要和软硬件条件按结构面规模进行概化。设计之初可仅考虑大型结构面或对工程结构物影响明显的结构面，而在施工设计阶段可以考虑更次一级的结构面，建立更加精细的计算模型。结构面的分布规模，与结构体的强度、结构面的充填特性、应力状态、形成和发育环境等多因素相关，直接影响岩体的力学性质，控制着区域性岩体的整体稳定或工程围岩的稳定性。根据不同的研究对象和工程应用的要求，有相对分类和绝对分类。相对分类是相对于工程的尺度和类型对结构面的规模进行分类，可分为细小、中等、大型等 3 类，如表 3-1 所示。绝对分类只考虑了结构面的延伸长度和破坏带的宽度，将结构面分为 5 级，如表 3-2 所示。

表 3-1 结构面的相对规模分类

工程结构	尺寸/m	影响带直径/m	结构面的长度/m		
	L	D	细小	中等	大型
平洞	$\phi=3$	10	0～0.2	0.2～2	>2
小型基础	$b=3$	10			
隧洞	$\phi=30$	100	0～2	2～20	>20
斜坡	$h=100$	100			
洞穴	$h=40$	>100	0～2.5	2.5～25	>25
小型水坝	$h=40$	>100			
大型水坝	$h=100$	300	0～6	6～60	>60
高斜坡	$h=300$	300			

注：ϕ—平洞跨度；b—基础宽度；h—工程结构体的高度。

表 3-2 结构面的绝对规模分类

分级序号	分布规模	地质类型	力学属性	工程地质评价
Ⅰ 级	一般延伸约数千米至数十千米以上，破碎带宽约数米至数十米乃至几百米以上	通常为大断层或区域性断层	属于软弱结构面，通常处理为计算模型的边界	区域性大断层往往具有现代活动性，给工程建设带来很大的危害，直接控制区域性岩体及其工程的整体稳定性。一般的工程应尽量避开
Ⅱ 级	贯穿整个工程岩体，长度一般数百米至数千米，破碎带宽数十厘米至数米	多为较大的断层、层间错动、不整合面及原生软弱夹层等	属于软弱结构面、滑动块裂体的边界	通常控制工程区的山体或工程围岩稳定性，构成滑动岩体边界，直接威胁工程的安全稳定性。工程应尽量避开或采取必要的处理措施
Ⅲ 级	延伸长度为数十米至数百米，破碎带宽度为数厘米至一米左右	断层、节理、发育好的层面及层间错动，软弱夹层等	多数也属于软弱结构面或较坚硬结构面	主要影响或控制工程岩体，如地下洞室围岩及边坡岩体的稳定性等
Ⅳ 级	延伸长度为数十厘米至三十米，小者仅数厘米至十几厘米，宽度为零至数厘米不等	节理、层面、次生裂隙、小断层及较发育的片理、劈理面等	多数为坚硬结构面；构成岩块的边界面	该级结构面数量多,分布有随机性,主要影响岩体的完整性和力学性质,是岩体分类及岩体结构研究的基础,也是结构面统计分析和模拟的对象
Ⅴ 级	规模小，连续性差，常包含在岩块内	隐节理、微层面、微裂隙及不发育的片理、劈理等	属于硬结构面	主要影响或控制岩块的物理力学性质

从建立岩体工程地质概化模型的角度来看，对岩体结构的概化应考虑以下原则：

（1）岩体是一种地质材料，应该从地质结构的成因来描述它的结构特征。

（2）表层岩体受到风化和地下水的侵蚀，又受到施工开挖爆破的影响而松动，从而改变了表层岩体原来的结构特征。因此，这一部分岩体的结构特点和力学特性与原位岩体很不相同，应区别对待。

（3）概化模型中不必要对岩体中众多的结构面进行实体模拟，应根据结构面的力学特性、空间产状及其对工程稳定性的影响和计算精度的要求，有选择地保留和模拟。

（4）对计算中保留的为结构面切割而成的其余部位岩体需作进一步概化。虽然，在这些部位的岩体中仍包含有很多次一级的结构面（节理、裂隙、层面等），但因其宏观尺度小，或对岩体的稳定性影响不大，或因计算阶段不同而考虑不同的精度等，可不予考虑，而作为分块分层的连续体或松散体处理。

根据以上原则针对具体工程问题所建立的地质概化模型将保留岩土工程实际地质结构的主要特征。对于岩体稳定分析问题，概化模型将着重于对工程安全有重要影响的结构面组合和岩性软弱区域的模拟。

关于岩体几何特征的描述，使用数值方法（特别是有限元法）目前已无多大困难，对结构面（如断层，夹层，裂隙）已设计了专用单元（如夹层单元，节理单元）作近似描述。对于松散体尚无很好的描述方式，在有限元法中可当作抗剪强度很低的不抗拉材料处理。

3.2 岩体的力学性能与力学模型

岩体作为一种结构复杂的地质材料，其力学特性也是非常复杂的，建立一个普遍适用的岩体力学模型比较困难。狭义的力学模型即是岩体的应力应变关系，广义的则指其本构关系。孙广忠认为：岩体变形与环境因素（包括外部荷载、温度、时间）及其结构因素之间的关系称为岩体的本构关系，它描述了岩体变形的基本规律，其数学表达式即本构方程。岩体的力学模型是数值分析的基础，必须从岩体结构、受力状态的实际情况出发，有条件有针对性地建立和使用。

1. 应根据岩体的应力水平建立力学模型

岩体受外力的作用产生变形。变形规律及应力应变关系与岩体的应力状态、应力水平有关。当应力水平低于屈服强度时，其应力-应变关系服从虎克定律，使用线弹性力学模型。在高围压下岩体应力水平可能超过强度指标，而进入弹塑性状态，发生塑性强化、塑性软化，或脆性破坏及断裂破坏。对此，在数值计算中可根据岩体在工程施工和运行后可能承受的应力水平，参考试验资料，采用适当的力学模型。

2. 应针对结构面和结构体分别建立力学模型

岩体受外力后的变形有形状改变、体积改变、压缩挤出、整体滑移、崩塌滚动等，从力学机制来看有弹性变形、塑性变形、黏性变形和刚体运动。以上各种情况的出现与岩体的结构及受力状态（大小和部位）密切相关，特别是岩体中结构面的力学性状对岩体的变形常常起着支配的作用。因此，对结构面和结构体应分别建立力学模型。

结构面实际上是一种地质不连续面，一般都由不同的填充物组成，在数值计算中可以作为一种连续介质处理。它的特点是强度比一般岩块低，受压时发生明显的压缩变形，沿切向受剪时极易出现剪切变形，对岩体的整体稳定极为不利。

从岩体力学试验提出的软弱夹层剪应力-剪位移曲线来看（图 3-1），夹层材料受压剪时具有明显的塑性变形特征，起初为弹性变形，以后则发展成为塑性流动。屈服条件一般采用直线型的莫尔包络线，其方程为

$$\tau_n = c + \sigma_n \tan\varphi \tag{3-1}$$

式中，σ_n 是垂直结构面的正应力（设压应力为正），τ_n 是该面上的剪应力，c 为黏聚力，φ 为内摩擦角。结构面的压缩基本上是弹性变形，服从虎克定律，它又是不抗拉的（或低抗拉），可作为不抗拉材料处理。

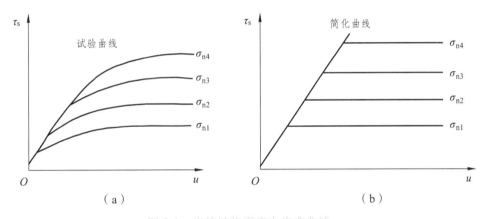

图 3-1　岩体结构面应力应变曲线

对于结构体，因其组成不同也呈现不同的力学性质。李迪对九个水电工程的岩石力学试验成果进行综合分析，将岩体变形曲线归纳为五种基本类型：

第一种为直线型，属于弹性变形规律；第二种为上凹型，包含有结构面岩体变形特征；第三种为下凹型，属于岩体具有层理、裂隙且随深度增加而岩体的刚度减弱的特征；第四种为长尾型，属于岩体表层裂隙在低压时很快被压密的表现；第五种为陡坎型，由初始地应力、冻结应力和初始结构强度等原因所形成。

工程中的数值计算一般以论证设计方案为目的，基本上在弹性范围内分析问题。因此，虎克定律是工程数值计算中主要采用的力学模型。然而，对于岩体稳定性分析、抗滑安全度计算等，需要考虑岩体结构面和结构体的非线性变形特征，应采用非线性力学模型。

3. 各向异性问题

岩体力学性质的各向异性是由其结构上的各向异性和材料组成上的各向异性决定的。事实上，由于岩体中分布有很多结构面，而结构面的方位不同，发育程度不同，充填物的状况不同，力学性能在各个方向也不同。纯粹的各向同性岩体是不存在的。

由岩体结构造成的几何各向异性，在建立模型时可在岩体的结构模拟时考虑。而材料物理力学性能上的各向异性，则应从其力学模型和力学特性参数在方向上的差异来模拟。当然，这些差异是相对而言的，从工程实用的角度来看，如果这些差异给数值计算带来的误差远小于工程设计允许的误差，即一般作为各向同性材料已可以保证精度要求，则不需要过细地考虑各向异性，从而使问题大大简化。有时也可以作为正交异性或横向同性材料处理。

4. 表层岩体与原位岩体的力学特性有明显差异

表层岩体一是指覆盖层，它是暴露在光天化日之下的岩体，因受风化、剥蚀、裂隙水的作用，破坏了原来的结构，其力学性能远不如原位岩体。另一个含意是指建筑物基础的表层，对于大坝一类建筑物是指清除了覆盖层（强风化层）之后，其下的弱、微风化岩体或原位岩体因受施工开挖爆破影响，其结构和力学性能发生了很大变化的岩体。因此，对这一层岩体提出力学模型时应有所区别，其力学参数也应根据现场岩石力学试验资料予以校正。

5. 岩体变形的时间效应

岩体在有效应力作用下，除了产生瞬时变形还会产生滞后变形。岩体力学试验及岩石力学试验表明，岩体时效变形特征与其受力状态（应力水平）密切相关。当应力水平低于某一应力状态时（一般为屈服极限），岩体的变形以弹性（瞬时）变形为主。当应力水平超过屈服极限时，岩体产生不可恢复的塑性变形，并随时间的延续而增加，这就是岩体的时效变形（或称蠕变）。

当岩体的应力水平处于屈服极限以下时，其蠕变速率不会无限增大，而是最终达到一个稳定状态，不再发展。建筑物的基岩由于承受的应力水平一般都低于其强度值（或屈服极限值），不会发生蠕变或有蠕变而处于稳定状态。对于边坡岩体或洞室围岩体，若处于高地应力作用下，可能会发生加速蠕变（流变）的情况。

岩体的蠕变是岩体的主要力学特性之一，从计算力学的角度来说，已经可以建立多种蠕变模型（黏弹性，黏塑性模型），但因岩体的蠕变（或流变）试验资料甚缺，模型中的一些力学参数无法确定，而不能投入使用。目前常用的方法是引用松弛模量的概念，使用弹性力学的方法作近似计算。

以上所述的岩体变形基本是属于岩体的材料变形，岩体的另一类变形是结构变形，包括沿结构面的整体滑移、块体的崩塌倾倒、板状结构的弯曲变形等，均属于大变形大位移范围，可以使用运动学和动力学的方法建立模型。

6. 岩体的强度和破坏判据

材料强度是指材料承受外部荷载抵御破坏的能力，其数值常用材料破坏时的应力水平表示，如抗压强度、抗拉强度、抗剪强度，但这些都是金属类材料力学的概念。对于在单轴应力状态下，结构完整的岩块也可使用这些概念。然而对于处在复杂应力状态下的岩体，则要重新考虑这些概念。岩体的破坏机制有多种，有张裂破坏，剪切破坏，结构体沿结构面滑移，结构体崩塌、倾倒、滚动、溃屈、弯折等，从其变形机理来看有脆性断裂、塑性变形、流变、几何大变形、机械运动及其复合形式。使用数值方法研究岩体的失稳和破坏机理，仅仅使用材料强度的概念是很不够的，应该利用弹性力学、塑性力学、断裂力学、损伤力学以及运动学和动力学的基本方法，对具体问题具体分析，有针对性地提出比较实用的岩体破坏的判据。例如对于压剪破坏来说，目前最常用的破坏判据是 Mohr-Coulomb 准则及其推广形式。

对于岩土材料进行数值分析，合理地模拟其环境因素（如初始地应力、地下水位、岩体温度）和荷载条件（包括开挖卸荷、建筑物自重、库水压力及其他由于工程修建和运行而传递施加在岩体上的荷载）是十分重要的。

1. 初始地应力

岩体中的初始地应力是岩体中的一种环境应力，是影响岩体力学作用的重要因素之一。地应力是一种体力，是岩体自重应力、残余的构造应力以及某些冻结应力的统称。岩体在地应力环境中相对处于平衡状态。由于基坑或洞室开挖，原有的平衡状态受到破坏，则会引起边坡岩体的整体位移并在开挖边界上产生卸荷回弹或岩爆，而原始地应力场也因受到干扰而重新调整。在计算岩体开挖时的整体位移和卸荷回弹时，模拟计算地应力场是必须做的一步。虽然地应力分布比较复杂，但有一定规律，例如垂直应力随深度呈线性分布，绝大多数最大水平应力分量大于垂直应力分量等。随着量测技术的提高，目前已有多种量测地应力值的方法，依据实测地应力值，参照上述规律，使用数值计算方法可以对地应力场进行模拟计算，以求得近似的地应力场，作为开挖计算的基本条件。

2. 孔隙水压力

地下水是岩体的另一个重要的环境因素，L.Müller 首先指出岩体是一种两相介质，即由矿物-岩石固相物质和含于孔隙和裂隙内水的液相物质组成。因此，从准微观（或细观）结构来看，岩体是由固体、液体和空气组合而成的多孔介质，其中的孔隙水直接影响岩体的受力状态和强度。在土力学中为了考虑孔隙压力的影响，把土颗粒实际受到的应力（全应力减去孔隙水压力）称为有效应力，以便与全应力有所区别。

岩体的结构不同，其水力特性也不同，地下水的规律也不同，只有当地下水在岩体中的活动规律清楚了，才有条件对地下水给岩体变形和破坏造成的影响作深一步的研究。应该指出，依据达西定律确定岩体的渗流场，本身就是一个复杂的有意义的计算课题。

3. 岩体温度

岩体的温度变化对岩体的变形也有影响，据文献介绍，温度变化 1 ℃ 岩体内可产生 0.4 ~ 0.5 MPa 的地应力变化。就地表温度来说，日变化温度影响深度为 1 ~ 2 m，年变化温度影响深度为 20 ~ 40 m。年温度变化还可引起地应力的变化，但深层岩体温度变化不大，称为恒温带。目前对岩体温度场的变化及其对岩体变形的影响还研究得很不够。

4. 计算范围和边界条件

做数值计算时总有个计算范围和边界条件的确定问题，它直接影响计算成果的好坏，需要谨慎处理。从工作量和经济的角度出发，二维有限元法是常用的方法，但这个方法有局限性，主要是不能正确地对荷载作用范围做出合理的处理。如果不考虑这一点，就会得出计算的变形（如垂直位移）随计算范围加大而无限增大的结果，这显然是不符合实际的。因此，要选择一个适当的计算范围。另外，计算岩土工程的变形问题，还必须根据工程实际提出合理的初始条件和边界条件，才能得出合理的结果。从这些概念出发，结合工程实际，就目前对基础地质特征的认识水平，量测可以达到的精度以及其他不确定的因素几方面考虑，需在正式计算之前做一些试算，确定一个最小的计算范围。一般取其深度和两侧宽不小于建筑物底部宽度的两倍。当然，如果能使边界取在相对坚硬的岩体上，则可以给出明确的边界约束条件；如果有实测基础位移值，还可以参考实测位移值给出边界位移条件。

3.3 一般数值模型建立

虽然各种数值模拟软件都有前处理模块，用以进行数值计算网格的划分，但由于所需要研究的工程地质模型往往较复杂，例如复杂的坡面线或多级开挖施工工况等。这使得直接利用数值模拟软件进行网格剖分较为困难，不得不进行大量的地质模型简化，这减小了计算的精度，尤其对于科学研究而言，这种简化是不允许的。本节从最熟悉的 AutoCAD 软件入手，介绍如何借助 AutoCAD 软件和 ANSYS 软件，快捷地建立精细的二维分析网格模型。

1. 利用 AutoCAD 软件建立实体

为介绍方法，简化界面起见，下面以一个简化的边坡模型进行介绍。

（1）打开 AutoCAD 先画出模型的平面图，如图 3-2 所示。注意，为了统一坐标，便于后处理，宜将模型左下部点移动到坐标原点。对于复杂的边坡坡面线，也可按照这个办法导入坡面线，再建立平面图。对于有复杂开挖工况或者复杂地质界线的模型，做平面图的方法也一样。

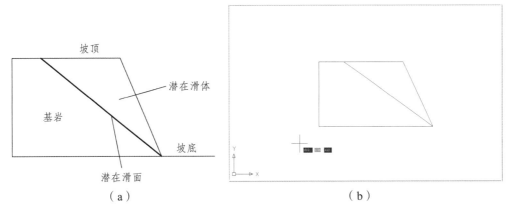

图 3-2　AutoCAD 平面图

（2）依次生成面域。就本例而言，面域有两个，即左下角和右上角。以中间滑面
（或地质界线）为分界，滑体、基岩各为一个面域。需要注意的是，在生成面域的过
程中，每个面域都需要独立的边界。而且，每个面域之间必须是共用线段边界，即有
共同的节点。本例中，先生成左下角面域，然后在界面处补充一条滑带线，与右上角
形成闭合曲线，生成另一个面域，如图 3-3 所示。

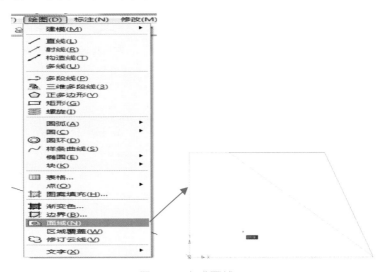

图 3-3　生成面域

（3）从 AutoCAD 中输出为**.sat 格式文件，如图 3-4 所示。

2. 利用 ANSYS 划分网格

ANSYS 软件具有强大的前处理功能，可以利用该软件划分网格，输出为节点文件
和单元文件，供其他数值计算软件调用。

（1）将 AutoCAD 中输出的**.sat 格式文件导入到 ANSYS 中

在菜单栏里找到 File→Import→SAT，找到指定路径文件，如图 3-5 所示。

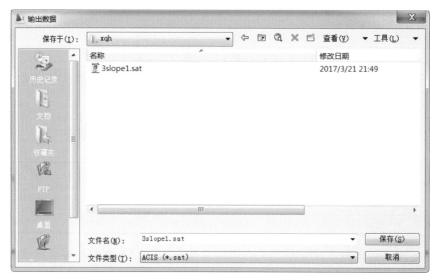

图 3-4 输出**.sat 文件

（a）菜单

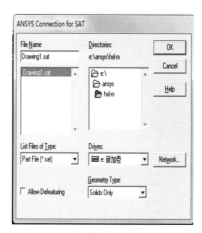

（b）指定文件

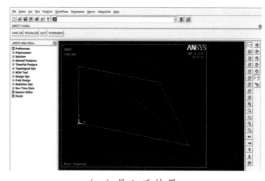

（c）导入后结果

图 3-5 导入**.sat 文件

（2）图形拉伸

为了建立准三维模型，需要在纵向上进行拉伸。在 ANSYS 主菜单预处理 preprocessor 中对面域进行拉伸。具体步骤为：Preprocessor→Modeling→Operate→ Extrude→Areas→Along Normal→输入指定面域编号及厚度（一般从 1 开始，依次拉伸），如图 3-6 所示。

（a）菜单

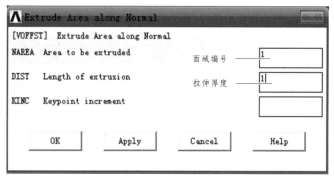

（b）设置参数

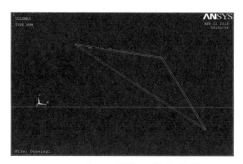
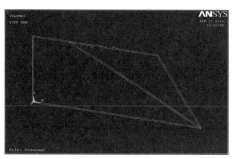

（c）面域 1 拉伸结果　　　　　（d）全部拉伸结果

图 3-6　面域拉伸

（3）网格单元定义

Preprocessor→element→Add/Edit/Delete→Add→需要的单元类型，一般选择 Soild →Brick 8 node 45，如图 3-7 所示。

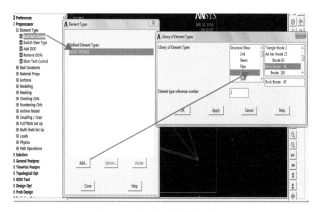

图 3-7　单元类型选择

（4）模型节点合并

在 AutoCAD 建立模型时，各部分是单独建立面域的，但在数值计算时，必须保证共用节点，这样，数值模型中才有节点力的传递。模型节点合并的步骤为：Preprocessor→Numbering Ctrls→Merge Items→选择合并元素与合并范围，如图 3-8 所示。

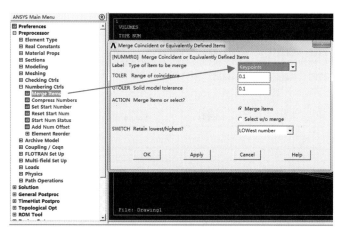

图 3-8　节点合并

（5）网格划分

完成以上步骤之后就可以对模型进行网格划分。网格划分遵循先细后粗，先重要后次要的顺序进行，即对于需要画得更细的体先进行划分，重要的部分先划分。

① 设置网格密度：Preprocessor→Meshing→Meshtool→选择网格划分条件（一般选用 Line 选项），点击 Pick All，显示如图 3-9 所示界面。

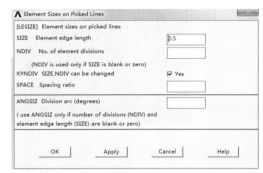

图 3-9　Line 设置

Line 选项可以提供两种划分方式，一种是对选定的线按照指定长度等分为若干个单元，另一种对选定的线等分为指定的单元数量。

点击 Pick All 后，输入单元长度为 0.5，点击 OK，即设置所有单元的边长为 0.5 m。

也可直接选择线段，例如 Y 方向（模型宽度方向）仅需要设置为一个单元，则选择 Y 方向的（即拉伸出来的线段），输入单元数量控制为 1。

② 对指定的体划分条件设置好后选择指定体单元对其进行单元划分，如图 3-10 至图 3-12 所示。具体步骤为：Preprocessor→Meshing→MeshTool→Hex→Sweep→选择需要划分单元的体。

点击 Sweep，选择右上角部分，直接将鼠标放在右上角的空三角形里，点击即可，即选择了右上角实体进行网格划分。也可在体编号框中输入体的编号选择体。

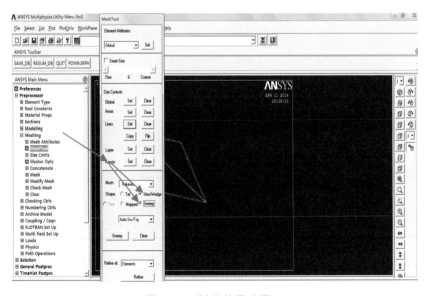

图 3-10　剖分单元步骤

053

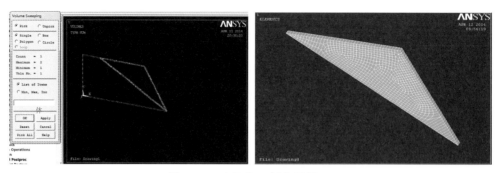

图 3-11　选择体及剖分结果

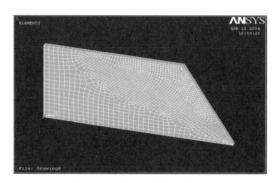

图 3-12　网格划分结果

（6）定义单元材料

数值计算中需要对不同的地质体赋予相应的材料参数，FLAC3D 中是按分组（group）定义的，可利用 ANSYS 的定义材料号功能，实现 FLAC3D 的材料分组。若仅利用 ANSYS 进行材料分组，可以不定义材料参数。

① 选择需要定义材料的体。单元划分完毕后对单元进行逐个材料定义太麻烦，ANSYS 对于材料定义只能对单元进行定义。基于此，在进行材料定义的时候需要先选择体，然后对这个体上的单元进行统一修改，选择单元步骤为：Select→Entities→Volumes→需要选择的体→Select→Everything below→Selected Volume，点击 OK，如图 3-13 所示。

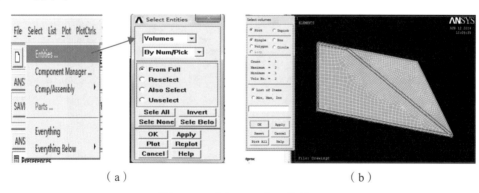

（a）　　　　　　　　　　　　　（b）

图 3-13　选择需要定义的体

② 定义材料。选择指定的体之后，屏幕只显示指定体，这时候对这些单元进行材料定义即可：Preprocessor→Modeling→Move/Modify→Element→Modify Attrib。

选择所有单元，在更改类型里选择 Material，对材料参数值进行编号命名，如图3-14 所示。

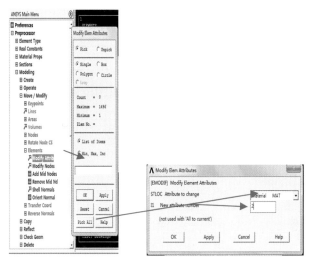

图 3-14　材料定义

（7）单元及节点输出

建立好 ANSYS 网格模型后，就可以进行节点与单元输出。这类转化软件比较多，可以上网搜索并下载。参考说明进行操作，在此不赘述。

3.4　复杂三维模型建立

根据提供的地形等高线和工程位置图，建立三维数值网格模型，要综合利用各种软件的优势，建立精细的三维模型。本节详细介绍如何利用 AutoCAD、GOCAD、UGS 等软件，建立精细三维数值网格模型。

3.4.1　三维等高线

利用 AutoCAD 软件，建立模型要素的空间位置坐标。按如下步骤执行。

根据研究问题的需要，截取感兴趣的区域[图 3-15（a）]。对三维等高线进行"修剪"，留下研究域内的等高线[图 3-15（b）]。删除边界矩形，用"直线"将等高线末端连接，形成闭合[图 3-15（c）]，将等高线和边界直线设为不同的图层，如等高线图层名为"dgx"，边界直线为"bj"。

补充知识：如何截取感兴趣的区域？

四种方法：

（1）使用图纸空间中的布局进行截取，这是最好的、最专业的方法。

（2）在模型空间里点击下拉菜单：绘图→区域覆盖，使用这个功能可以屏蔽掉你不想显示的部分。

（3）在模型空间里把地形图做成一个图块，之后使用 XC 命令对该图块进行裁切，即：保留你想要的、隐藏你不想要的。

（4）在模型空间里画个范围，比如画个矩形，之后使用裁剪命令（trim）将所有你不需要的其他实体裁剪掉、删除掉，这是最初级的方法。

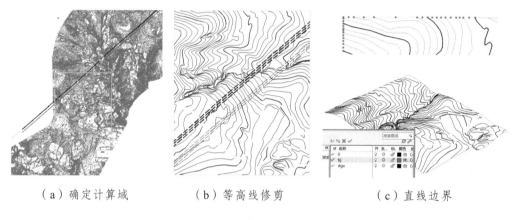

（a）确定计算域　　　（b）等高线修剪　　　（c）直线边界

图 3-15　建立三维等高线

3.4.2　坡面栅格点数据

利用 GOCAD 软件，导入三维等高线数据，建立坡面点云数据。

导入 AutoCAD 所建立的地形等高线数据及边界线段数据，如图 3-16 所示。

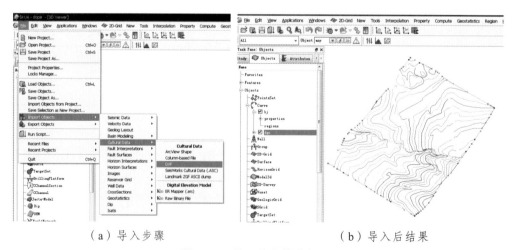

（a）导入步骤　　　　　　　　（b）导入后结果

图 3-16　导入等高线数据

根据 AutoCAD 的边界线段（bj），新建边界曲线（bound），如图 3-17 所示。

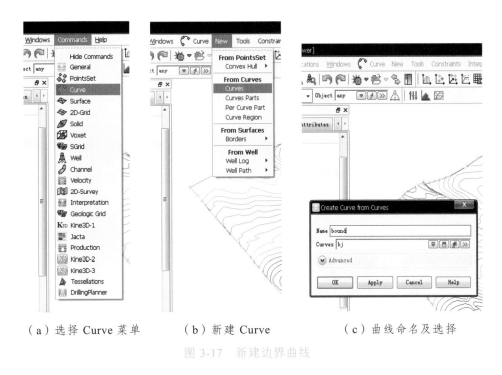

（a）选择 Curve 菜单　　　（b）新建 Curve　　　（c）曲线命名及选择

图 3-17　新建边界曲线

根据三维等高线数据（dgx），新建空间点云（surface），如图 3-18 所示。

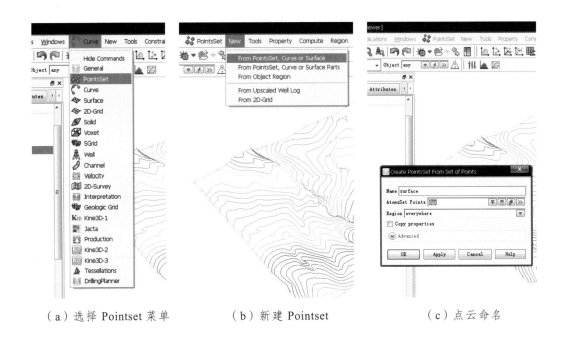

（a）选择 Pointset 菜单　　　（b）新建 Pointset　　　（c）点云命名

岩土工程数值计算及工程应用

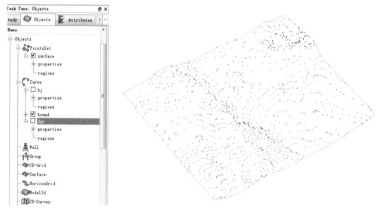

（d）生成的边界曲线及地形等高线点云

图 3-18　生成坡面点云数据

根据边界曲线（bound）及空间点云（surface），生成三维坡面（slope），如图 3-19 所示。

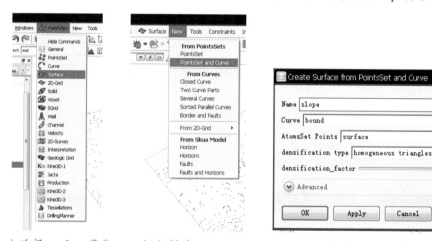

（a）选择 surface 菜单　（b）新建 surface　　（c）surface 命名

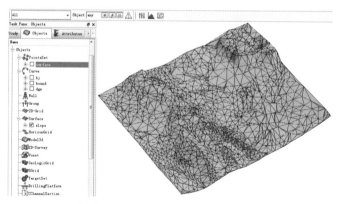

（d）生成的 surface（slope）结果

图 3-19　生成三维坡面

根据三维坡面数据（slope），生成栅格点数据（slope_point），栅格数据为 20×20，并导出为 dat 文件（slope_example.dat），如图 3-20、图 3-21 所示。

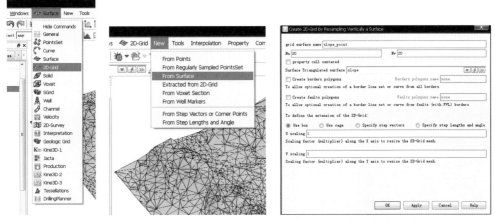

（a）选择 2D-grid 菜单　　　　　　（b）新建 2D-grid　　　　　　（c）栅格参数设置

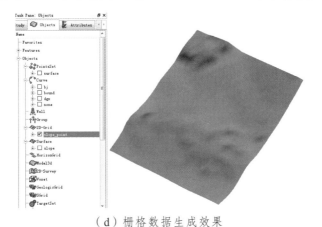

（d）栅格数据生成效果

图 3-20　生成栅格数据

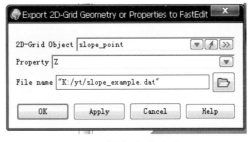

（a）操作菜单　　　　　　　　　（b）文件命名

图 3-21　导出坡面栅格点数据

3.4.3 实体边坡

利用 UG（Unigraphics NX）10.0 软件，导入坡面栅格点数据（slope_point.dat），建立实体坡面或坡体。

打开坡面栅格点数据，删除文件头，仅保留空间数据坐标，修改数据格式，在 ROW 后面添加序号 1，2，3……如图 3-22 所示。

运行 UG 软件，选择"应用模块"→"建模"。然后新建文件："文件"→"新建"，指定文件路径及文件名。

（a）查找替换	（b）修改后结果

图 3-22　利用 UE 修改文件格式

通过栅格点文件新建曲面，如图 3-23 所示。

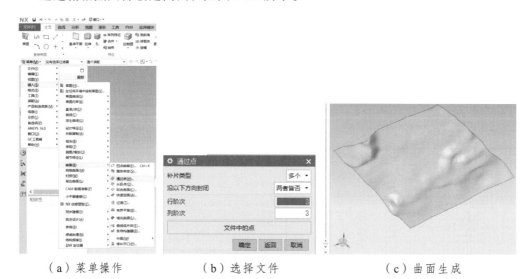

（a）菜单操作	（b）选择文件	（c）曲面生成

图 3-23　建立坡面片体

视图选为俯视图，画直线，捕捉方式选择"面上的点" ，第一个点在坡面上，其后沿 x 坐标方向按长度控制做线段。y 方向线段起点为 x 线段末端，沿 $-y$ 方向按长度控制做另一条线段，如图 3-24 所示。

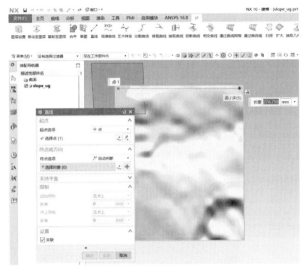

（a）x 方向线段

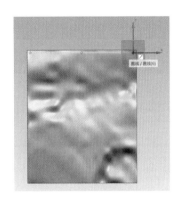

（b）y 方向线段

图 3-24　做相互垂直的线段

移动线段 ，形成平行线，如图 3-25（a）所示。根据两条平行线建立曲面 ，选择第一条线段，然后"添加新集"选择第二条线段，做平面图形，如图 3-25（b）所示。

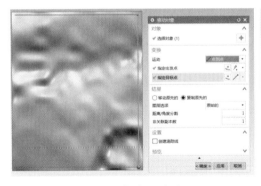

（a）平行线

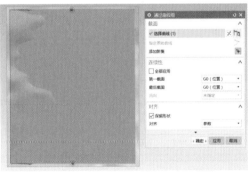

（b）平面

图 3-25　根据平行线生成曲面

移除参数 ，选择全部。 移动对象，选择平面。运动选"距离"，指定 $-z$ 方向及距离，如图 3-26（a）所示。 加厚，选择移动后的平面，指定厚度，如图 3-26（b）所示。

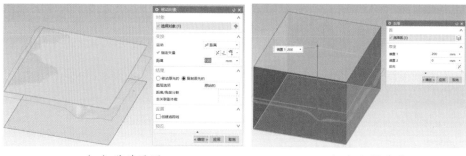

（a）移动平面　　　　　　　　　　（b）加厚片体

图 3-26　根据曲面生成实体

　　修剪体 ▣▤ **修剪体**，目标选择上步形成的实体，工具平面选坡面，如图 3-27（a）所示。进行图层操作，将坡体移动到独立的层 ⬆，并仅显示该层，如图 3-27（b）所示。
移动至图层

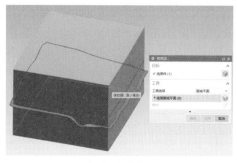 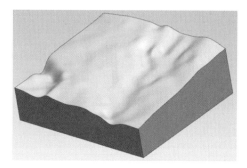

（a）命令操作　　　　　　　　　　（b）坡体

图 3-27　修剪体

3.4.4　边坡开挖

　　导入路基边线的 dxf 文件，如图 3-28（a）所示。拉伸边线 ▣，"指定矢量"选 z拉伸
轴，拔模选"从起始限制"，并输入坡角（本例选 30°），如图 3-28（b）所示。对另一路基边线同理形成开挖坡面，如图 3-28（c）所示。对两条路基边界，直接形成曲面 ▣，通过曲线组
并将三个曲面缝合 ▣，如图 3-28（d）所示。缝合

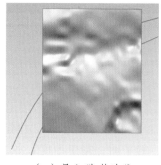 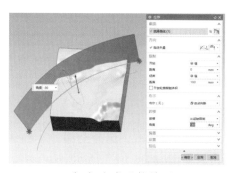

（a）导入路基边线　　　　　　　　（b）生成开挖坡面

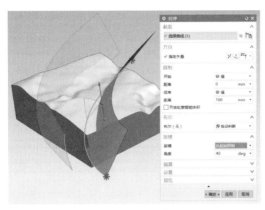

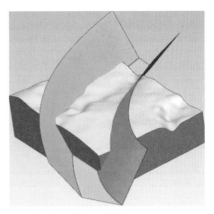

（c）另一侧开挖面　　　　　　　　　　（d）开挖面边界

图 3-28　开挖面边界

选择拆分体 <u>■拆分体</u>，选择体为坡体，工具选项为开挖面边界，如图 3-29（a）所示。图层设置，仅显示路堑边坡及开挖体如图 3-29（b）、（c）所示。

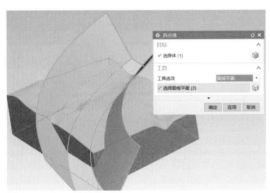

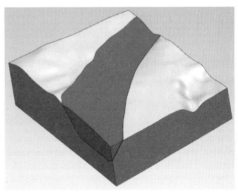

（a）拆分体　　　　　　　　　　　　　（b）拆分后

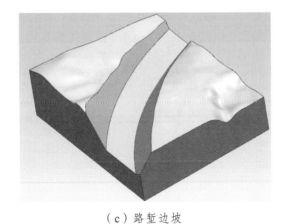

（c）路堑边坡

图 3-29　边坡开挖

导出 parasolid 文件，选择所有实体，如图 3-30 所示。

在 ANSYS 软件中导入 x_t 文件进行网格划分等操作，与上节建模方法相同，不赘述。需要注意的是：（1）导入后要进行 keypoint 合并；（2）模型比例放大 1 000 倍。因为 UGS 中是毫米单位，比例尺为 1：1 000。

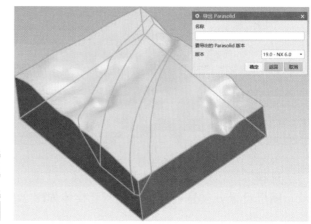

（a）命令路径   （b）选择实体

图 3-30　导出 x_t 文件

第 4 章 一般静力问题

4.1 边坡稳定与支挡

本节以一滑坡为例，介绍边坡（滑坡）的稳定性分析及支挡结构计算。

4.1.1 计算模型

滑坡原型如图 4-1（a）所示，图中单位为米。对二维计算区域建立面域，并旋转模型，使坐标 Z 轴向上，如图 4-1（b）所示。导出为*.sat 文件。

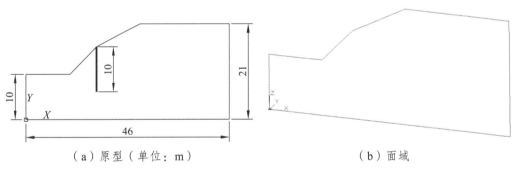

（a）原型（单位：m）　　　　　　　　　（b）面域

图 4-1　计算原型

在 ANSYS 中导入 sat 文件，通过拉伸、合并关键点、网格划分、赋材料参数等操作后，形成 ANSYS 网格模型（图 4-2）。需要注意的是，由于本例抗滑桩间距为 6 m，所以横向拉伸长度也为 6 m，这样可以避免对桩结构的等效处理。因此，模型可称为准三维计算模型。

边坡模型材料参数取值为：弹性模量 E = 14.0 MPa，泊松比 υ = 0.3，重度 γ = 20 kN/m³，黏聚力 c = 10 kPa，内摩擦角 ϕ = 30°，膨胀角 ψ = 0，抗拉强度 σ_t = 0。

通过合适的转化程序，从 ANSYS 中导出节点及单元数据，改写成 FLAC3D 能够识别的格式，即可导入 FLAC3D 中进行计算分析。

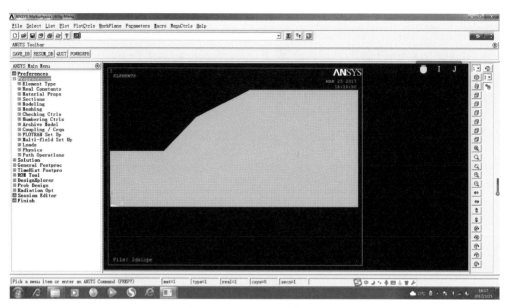

图 4-2　ANSYS 网格

4.1.2　边坡稳定性分析

边坡的稳定性分析一般可分为三步，弹性初始平衡、塑性平衡、强度折减法安全系数计算，相应命令流如下：

```
new                        ;清除程序内存数据，重新开始执行新的文件。
impgrid 2d_slope.flac3d     ;导入数值网格数。
set gravity 0 0 -10
model mech mohr
prop dens 2000.0 bulk 1.16667e7 she 5.38462e6 fric 30 coh 10000.0 ten 0.0
fix x range x -.1 .1        ;位移边界约束。
fix x range x 45.9 46.1
fix y range y 0.1 -1.1
fix x y z range z -0.1 0.1
save ini
hist nstep 10
hist unbal
solve elastic              ;分两步执行 Mohr-Coulomb 材料的求解，第一步为弹性，
                           ;第二步为塑性，不需要单独再进行弹性材料的求解。
save mcslope1
solve fos                  ;按强度折减法计算边坡安全系数。
save slopefos
```

　　根据分析问题的需要对数值计算的输出结果有所侧重，一般包括应力场、塑性区和位移场等结果。

　　FLAC3D 软件正应力以拉为正，通过分析最大主应力的正值区域，可以判断坡体的拉应力区。因为岩土材料的抗拉强度极小，拉应力区就是可能出现拉裂缝的区域。如图 4-3（a），本例无拉应力区。对于水平地面模型而言，竖向正应力 σ_z 沿深度递增，z 向正应力等值线为水平线。对边坡而言，竖向正应力 σ_z 等值线一般顺坡面线沿深度递增，分析 σ_z [图 4-3（b）]的等值线分布，可以判断计算模型是否有误，以保证后续计算结果的正确性。边坡的破坏模式一般为剪切滑移（或拉剪破坏），分析 xz 平面内的剪应力分布，了解最大剪应力所在的区域，可以判断潜在失稳的剪切破坏危险区，如图 4-3（c）所示，坡脚剪应力水平较高，是剪切破坏的危险区域。若单元应力达到了屈服状态，则表现为塑性屈服区，如图 4-3（d）所示，坡脚出现了塑性屈服，意味着该区域已出现破坏，边坡潜在滑动面首先在该区域形成，是边坡防治需要重点关注的区域。但坡体内塑性区并没有贯通，边坡整体依然是稳定的。位移显示了边坡在计算过程中的变形规律，就本例而言，solve elastic 命令计算的位移结果包含了自重沉降的部分，不能直接用于进行变形分析。为了获得塑性变形或任何工况的位移增量，可以在执行该计算工况前，增加一行命令"ini xdis 0 ydis 0 zdis 0"，使前一步的计算位移结果初始化（清零）。

　　剪应变增量指示了计算过程剪切变形最大的区域，对边坡而言，常据此判断潜在滑动面的位置。如图 4-3（f）所示，坡脚剪切应变增量最大，这也意味着潜在滑动面首先在该区域形成，这与剪应力云图和塑性区分布计算结果是一致的。但也要注意，剪应变增量也是某工况计算过程中的增量，当执行了位移清零命令时，剪应变增量即同时清零。

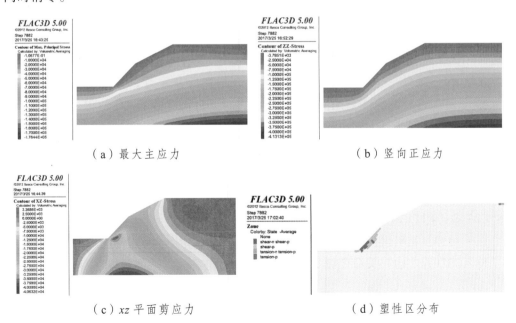

（a）最大主应力　　　　　　　　　　　　　　（b）竖向正应力

（c）xz 平面剪应力　　　　　　　　　　　　（d）塑性区分布

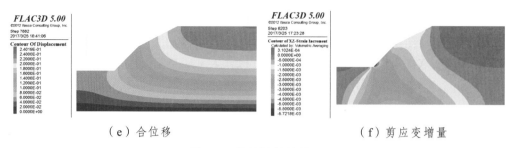

（e）合位移　　　　　　　　　　　　　　（f）剪应变增量

图 4-3　数值计算结果

solve fos 命令按强度折减法计算边坡整体安全系数，仅能给出最终的安全系数值，本例安全系数为 1.44，如图 4-4（a）所示。潜在滑动面可以根据最大剪应变增量及位移云图等综合判断，如图 4-4 所示。

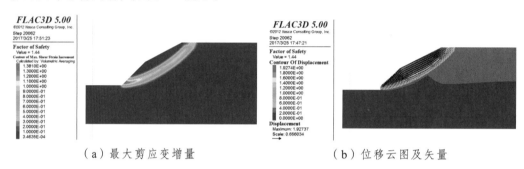

（a）最大剪应变增量　　　　　　　　　（b）位移云图及矢量

图 4-4　强度折减法计算成果

4.1.3　边坡抗滑桩加固

上节边坡的整体安全系数为 1.44，处于稳定状态，满足一般边坡的设计安全系数规定。仅为介绍抗滑桩支挡结构的计算方法，对边坡抗剪强度参数进行折减，设折减系数为 1.44。此时，边坡处于极限平衡状态，折减后黏聚力 $c' = 10$ kPa，内摩擦角 $\varphi' = 30°$。此时进行抗滑桩支挡，计算极限状态时的边坡变形及抗滑桩内力。

设抗滑桩桩径为 1.2 m × 0.8 m，长边沿 x 轴方向，垂直走向方向，则抗滑桩计算中的有关几何参数如下：

周长 perimeter = 4.0，截面积 xcarea = 0.96，局部坐标 y 轴与整体坐标相同，局部坐标 x 轴向上，局部坐标 z 轴向坡外。因此，对 y（桩截面短边方向）惯性矩 xciy = $0.8*1.2^3/12 = 0.115\ 2$，对 z（桩截面长边方向）惯性矩 xciz = $0.8^3*1.2/12 = 0.051\ 2$。

桩采用弹性材料模拟，弹性模量 $E = 80$ GPa，泊松比 $\upsilon = 0.25$。

FLAC3D 程序的有关命令流如下：

```
restore mcslope1.f3sav
defin redu_para                    ;定义参数折减子函数。
```

```
    reduction_factor = 1.44                    ;折减系数取 1.44。
    coh_r = 10e3 / reduction_factor
    fric_r = atan(tan(30*degrad)/reduction_factor)/degrad
end
@redu_para                                     ;运行子函数。
prop dens 2000.0 bulk 1.16667e7 she 5.38462e6 fric @fric_r coh @coh_r ten 0.0
sel pile id=1 begin=(16.0, -3.0, 16.0) end=(16.0, -3.0, 6.0) nseg=50    ;桩位在模型横向
的中心部位，桩长 10 m。
sel pile id=1 prop Emod=8.0e10 Nu=0.25 XCArea=0.96 &
    XCJ=0.1664 XCIy=0.1152 XCIz=0.0512 &
    Per=3.14 &
    CS_sK=1.3e11 CS_sCoh=1.0e10 CS_sFric=0.0 &
    CS_nK=1.3e09 CS_nCoh=1.0e04 CS_nFric=0.0 &
    CS_nGap=off
;sel pile id=1 prop ydir=(0,1,0) ; so that shear force Fy corresponds with diagonal
direction
sel set damp combined
ini xdis 0 ydis 0 zdis 0
solve
save mcslope_pile
```

　　抗滑桩结构分析时，重点分析结构内力及边坡变形特征。如图 4-5 所示为边坡坡体变形，当边坡处于极限状态（无支挡）时，由于抗滑桩的抗滑作用，边坡的最大位移为 0.24 m，约是无支挡结构最大变形的 12%，可见抗滑桩的支挡效果明显。

　　从桩结构来看，桩身最大水平位移（x 方向）仅为 2 mm，合位移则达到了 17 mm，可见竖向变形明显。桩最大弯矩为 37 kN·m，最大剪力为 20 kN。从图 4-6 可以获得其分布特征。

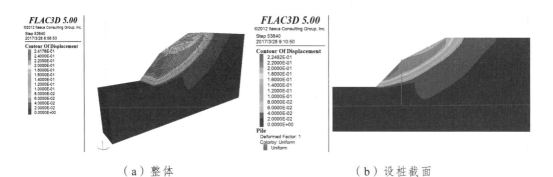

（a）整体　　　　　　　　　　　　（b）设桩截面

图 4-5　坡体变形

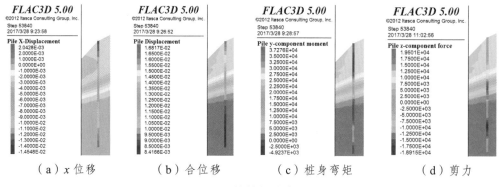

（a）x 位移　　　　（b）合位移　　　　（c）桩身弯矩　　　　（d）剪力

图 4-6　桩结构内力

4.2　基坑开挖支护分析

4.2.1　基坑建模方法

基坑工程有限元分析则是利用有限元方法在模拟复杂材料、复杂边界条件方面的强大能力，对基坑施工的全过程进行分析，得到基坑土体及结构的变形和受力情况，为基坑工程设计和施工服务。因此，基坑工程施工过程的有限元模拟是关键。

基坑施工总体方案包括顺作法、逆作法和顺逆结合法。顺作法是传统的开挖施工方法，包括放坡开挖、直立式围护体系和板式支护体系三大类，其中直立式围护体系又可分为水泥土重力式围护、土钉支护和悬臂板式支护；板式支护又包括围护墙结合内支撑系统和围护墙结合锚杆系统两种形式。图 4-7 给出了某地铁基坑所采用围护墙结合内支撑系统的施工方案。

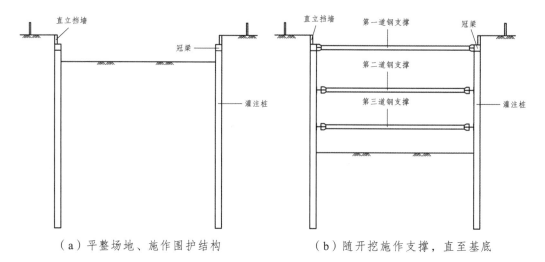

（a）平整场地、施作围护结构　　　　（b）随开挖施作支撑，直至基底

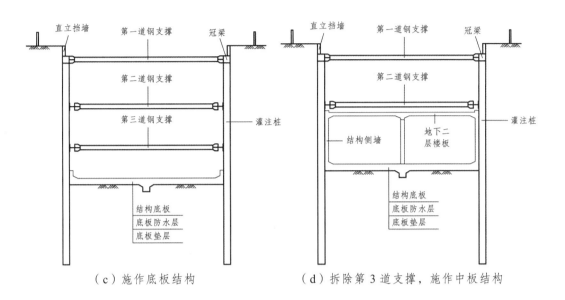

（c）施作底板结构 　　　　　　（d）拆除第3道支撑，施作中板结构

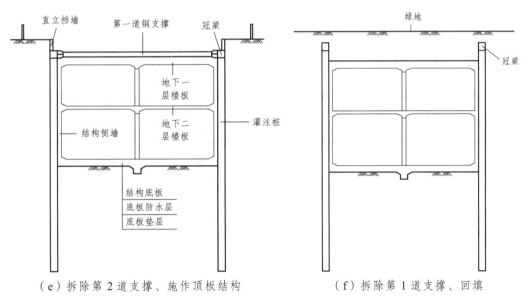

（e）拆除第2道支撑、施作顶板结构 　　　　（f）拆除第1道支撑、回填

图4-7 某地铁车站基坑施工方案

1. 计算范围的确定

基坑工程计算范围确定时注意以下问题：几何边界要足够大，以消除边界影响，必要时可通过敏感性分析确定。研究表明，侧边界距离坑壁的水平距离不宜小于3～5倍开挖深度，模型总深度不宜小于3～4倍开挖深度，如图4-8所示。尽量利用对称性。例如对于图4-8（a），就可以取半结构进行分析，图4-8（b）的三维模型可以取1/4结构进行分析，注意对称面上边界条件的设置。

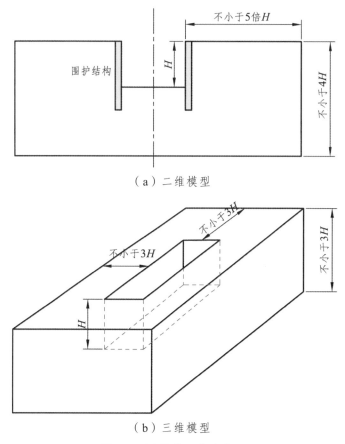

（a）二维模型

（b）三维模型

图 4-8　计算范围的确定

2. 土体本构的选择

基坑问题偏重变形分析，压硬性是土体的重要变形特征，即土体刚度与其应力水平相关，围压越大则土体模量越高（如著名的 Duncan 模量公式）。因此，在进行基坑开挖变形分析时，土体本构关系的选择应体现土体的压硬性特征。表 4-1 给出了本构选择的建议。图 4-9 给出了应用不同本构的基坑分析结果，可以看出，硬化模型最为接近实际变形情况，理想弹塑性模型其次，线弹性模型基本不适用。因此，建议直接使用硬化土模型（如 ABAQUS 中的修正 Cam-Clay 模型），或者使用 Mohr-Coulomb 模型，但是需人工设置土体模量随深度增加。

表 4-1　基坑问题土体本构选择

本构类型		不适用	适合初步分析	适合较精确分析	适合高级分析
弹性	线弹性	√			
	横观各向同性弹性	√			
	Duncan-Chang		√		

	本构类型	不适用	适合初步分析	适合较精确分析	适合高级分析
理想弹塑性	Tresca		√		
	Mohr-Coulomb		√		
	Druker-Prager		√		
硬化	修正 Cam-clay			√	
	Plaxis HS			√	
小应变	MIT-E3				√

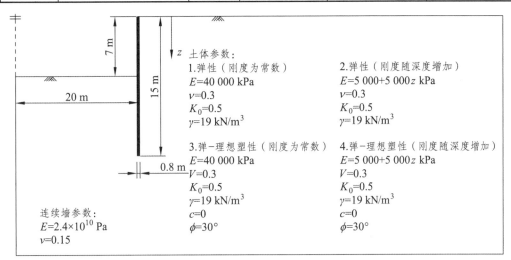

（a）计算模型

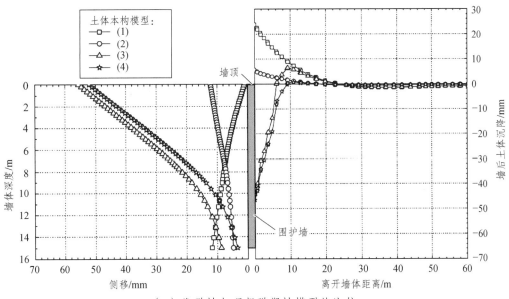

（b）线弹性与理想弹塑性模型的比较

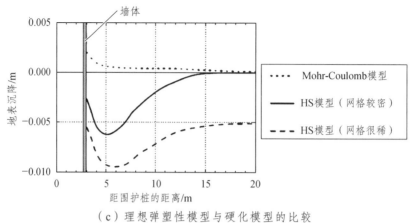

（c）理想弹塑性模型与硬化模型的比较

图 4-9　基坑分析中本构的比较

Mohr-Coulomb（MC）模型和修正 Cam-Clay（MCC）模型各参数在基坑分析中的取值方法如表 4-2 所示。值得指出的是，土体的加载模量和卸载模量并不一致，基坑问题属于卸载问题，因此若使用常刚度的 MC 模型，不能直接用压缩模量，而要取为 E_s 的 3～10 倍；而 MCC 模型内部隐含了加、卸载刚度的不同，因此直接输入压缩参数和回弹参数即可。

表 4-2　本构参数的取值方法

Mohr-Coulomb（MC）		修正 Cam-Clay（MCC）	
参数名称	基坑分析中的选值方法	参数名称	基坑分析中的选值方法
模量 E_s	（1）取为压缩模量 E_s 的 3～10 倍；（2）按深度增加	临界状态斜率 M	$M = \dfrac{6\sin\varphi}{3 - \sin\varphi}$
泊松比 u	查工程地质手册，一般变化不大	泊松比 υ	查工程地质手册
黏聚力 c	查地勘报告	压缩参数 λ	$\lambda = \dfrac{C_c}{\ln 10} = \dfrac{C_c}{2.3}$
内摩擦角 ϕ	查地勘报告	回弹参数 κ	$\kappa = \dfrac{C_s}{\ln 10} = \dfrac{C_s}{2.3}$
重度 γ	查地勘报告	超固结比 OCR	查地勘报告
膨胀角 ψ	查地勘报告	初始孔隙比 e_0	查地勘报告

3. 支护结构单元的模拟

基坑问题涉及大量的支护结构，有限元分析中可按以下方式考虑：连续墙用板单元模拟；排桩可等效为连续墙（按 EI 等效），用板单元模拟，如图 4-10 所示；内支撑采用杆单元或梁单元模拟；锚杆采用杆单元模拟。

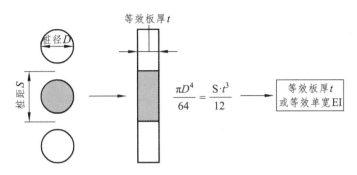

图 4-10 结构单元的等效

4.2.2 内撑式基坑算例

1. 问题描述

某内撑式地铁车站基坑如图 4-11 所示。基坑土层从上至下依次为填土和深厚粉质黏土层，基坑开挖深度为 10 m。采用排桩围护，排桩采用直径为 600 mm 的钻孔桩，桩—桩中心间距为 1.8 m，桩长 14.6 m；内设两道钢管撑，钢管外径为 609 mm，壁厚 12 mm，纵向间距 4 m，竖向间距 6 m，均在开挖至钢管轴线以下 1 m 深度时施作。各土层以及支护结构的物理力学参数如表 4-3 所示。土层采用修正剑桥模型（MCC）模拟，围护桩和钢管撑均采用线弹性模型。基坑为长条形，内支撑间距为 4 m。另外，由于排桩间距较小且整体性较好（顶部有冠梁，桩间土体有喷混等），因此可将排桩支护通过抗弯刚度等效后，转化为连续墙近似模拟。这样，该工程就可根据对称性，沿纵向取 4 m 厚的一个条带进行三维分析。计算工况包括 7 步：初始地应力→设桩→下挖 1 m→加第 1 道撑→下挖 7 m→加第 2 道撑→下挖 10 m。

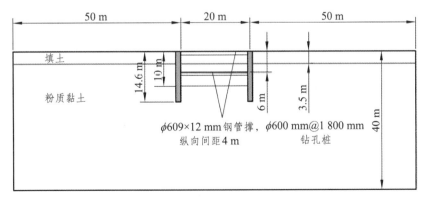

图 4-11 基坑计算模型

表 4-3　土体及结构物理力学参数

土体材料	重度 γ /(kN/m³)	泊松比 υ	CSL 斜率 M	压缩指标 λ	回弹指标 κ	截距 e_N	初始孔隙比 e_0	静止侧压力系数 K_0
填土	18.0	0.35	0.772	0.11	0.006	1.0	0.8	0.65
粉质黏土	18.5	0.30	0.898	0.085 6	0.003 74	1.0	0.8	0.65
结构材料	重度 γ /(kN/m³)	泊松比 υ	弹性模量 E/GPa	等效板厚度 /m				
围护桩	25	0.2	30	0.35				
钢管撑	78	0.3	200					

如图 4-12 所示，e_N 为 $e\text{-}\ln p$ 坐标系中原始压缩曲线在孔隙比轴上的截距，即 p 取单位值（$\ln p = 0$）时所对应的孔隙比。

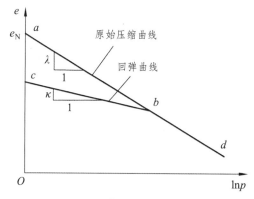

图 4-12　土体压缩-回弹曲线

2. 有限元建模

（1）建立部件。在 Part 模块中，执行【Part】/【Create】命令，建立名为 soil 的部件。在 Create Part 对话框中，将 Name 设置为 Soil，Modeling Space 设置为 3D，type 为 Deformable，Base Feature 中 Shape 为 Solid，Type 设为 Extrusion，点击 Continue，进入 Sketch 模式，建立长 120 m、高 40 m 的矩形，完成后点击 Done，进入 Edit Base Extrusion 对话框，设置 Depth 为 4 m，生成土体外围轮廓实体。执行【Tools】【Partition】命令，首先使用类型 Face 中的 Sketch 法分割实体中的 XY 平面，然后使用类型 Cell 中的 Extrude/Sweep edges 方法分割实体，将实体分割出三个开挖区域（1 m、7 m 和 10 m 深）和两个土层，如图 4-13 所示，形成完整的 soil 部件。

执行【Part】/【Create】命令，建立名为 strut 的部件，即内支撑部件。在 Create Part 对话框中，将 Name 设置为 strut，Modeling Space 设置为 3D，Type 为 Deformable，Base Feature 中 Shape 为 Wire，Type 为 Planar，点击 Continue，进入 Sketch 模式，建立长 20 m 的水平直线，完成后点击 Done。

执行【Part】/【Create】命令，建立名为 wall 的部件，即围护墙部件（由排桩等效得到）。在 Create Part 对话框中，将 Name 设置为 wall，Modeling Space 设置为 3D，Type 为 Deformable，Base Feature 中 Shape 为 Shell，Type 为 Planar，点击 Continue，进入 Sketch 模式，建立高 14.6 m，宽 4 m 的矩形板，完成后点击 Done。

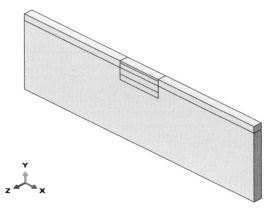

图 4-13　Soil 部件

（2）设置材料及截面特性。在 Property 模块中，执行【Material】/【Create】命令，建立名称为 soil1 的材料，对应于上层填土。在 Edit Material 对话框中依次执行【General】/【Density】，【Mechanical】/【Elasticity】/【Porous Elastic】，以及【Mechanical】/【Plasticity】/【Clay Plasticity】，设置修正剑桥黏土模型参数，输入值如图 4-14 所示。

执行【Material】/【Create】命令，建立名称为 soil2 的材料，对应于粉质黏土。参照 soil1 的方法依次输入参数，如图 4-15 所示。

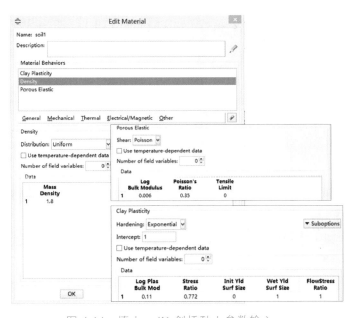

图 4-14　填土 soil1 剑桥黏土参数输入

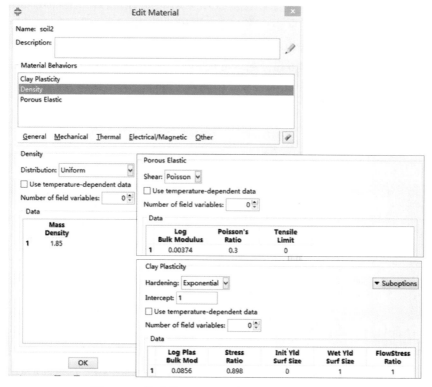

图 4-15　粉质黏土 soil2 剑桥黏土参数输入

执行【Material】/【Create】命令，建立名称为 C30 的材料，对应于围护墙。执行【General】/【Density】，输入 0.7，因为采用植入结构单元方式模拟围护墙，故输入扣除原土体自重后的附加自重；执行【Mechanical】/【Elasticity】/【Elastic】，模量设置为 3e7，泊松比为 0.2。

执行【Material】/【Create】命令，建立名称为 steel 的材料，对应于钢管撑。执行【General】/【Density】，输入 7.8；执行【Mechanical】/【Elasticity】/【Elastic】，模量设置为 2e8，泊松比为 0.3。

执行【Section】/【Create】命令，建立名为 soil1 的截面，Category 为 solid，Type 为 Homogeneous，Edit Section 对话框中 Material 设为 soil1。照此建立名为 soil2 的截面。

执行【Section】/【Create】命令，建立名为 wall 的截面，Category 为 Shell，Type 为 Homogeneous，Edit Section 对话框中 Shell thickness 设为 0.35，Material 设为 C30。

执行【Section】/【Create】命令，建立名为 strut 的截面，Category 为 Beam，Type 为 Beam，Edit Beam Section 对话框中 Material 设为 steel；在 Beam Shape 中点击右侧图标，建立新的截面 Profile-1，Create Profile 对话框中选择 Pipe 类型，在 Edit Profile 对话框中，Radius 输入 0.305，Thickness 输入 0.012；在 Edit Beam Section 对话框中选择 Profile-1。

执行【Section】/【Assignment Management】命令，点击 Create，分别为填土层和粉质黏土层指定截面 soil1 和 soil2，指定后模型颜色会发生改变。

在环境栏的 Part 下拉菜单中切换至 wall 部件，执行【Section】/【Assignment Management】命令为其指定 wall 截面。

在环境栏的 Part 下拉菜单中切换至 strut 部件，同样执行【Section】/【Assignment Management】命令为其指定截面 strut。执行【Assign】/【Beam section orientation】命令，按照默认设置指定梁的局部坐标系方向，如图 4-16 所示。此时，可以执行【View】/【Part Display Options】，在弹出的对话框底部勾选 Render beam profiles 选项，显示梁的三维渲染视图（图 4-17），帮助校核梁截面设置是否正确。

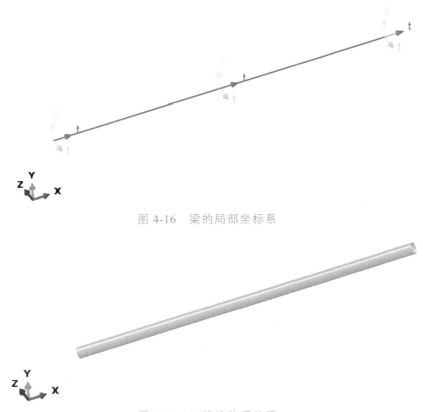

图 4-16　梁的局部坐标系

图 4-17　三维渲染后的梁

（3）装配部件。进入 Assembly 模块，执行【Instance】/【Create】命令，导入 soil 部件一次，strut 部件两次（对应于两道钢管撑），wall 部件两次（对应于基坑两侧的两道围护墙）；联合使用【Instance】/【Translate】平移操作，以及【Instance】/【Roate】旋转操作，将钢管撑和围护墙放置在合适的位置上；最后再执行【Instance】/【Roate】旋转命令，将装配好的模型整体进行旋转，使 Z 轴与重力方向平行，整体坐标系原点放置于模型左下角点位置（与后面 Load 模块中的初始地应力定义匹配）。装配好的模型如图 4-18 所示。

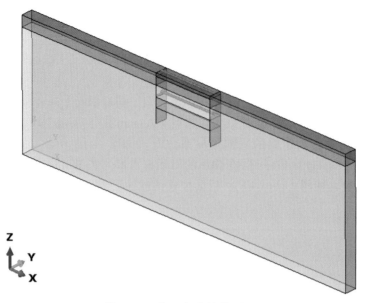

图 4-18　装配完成的模型

（4）设置分析步。进入 Step 模块，执行【Step】/【Create】命令，在弹出的 Create Step 对话框中，Name 中输入名称 geostatic，类型选择 Geostatic，点击 Continue，弹出 Edit step 对话框，在 Incrementation 选项卡中，勾选 Automatic，在 Other 选项卡中，Matrix storage 类型选择 Unsymmetric，如图 4-19 所示。

执行【Output】/【Field Output Requests】/【Edit】命令，在 Edit Output Requests 对话框中增加 SF（截面力和弯矩）作为输出变量。

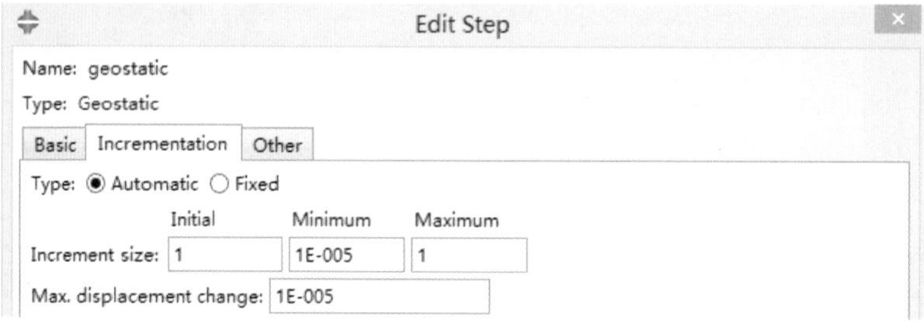

Edit Step		
Name: geostatic		
Type: Geostatic		

Basic　Incrementation　Other

Type: ● Automatic ○ Fixed

	Initial	Minimum	Maximum
Increment size:	1	1E-005	1

Max. displacement change: 1E-005

图 4-19　Geostatic 步的设置

依次执行【Step】/【Create】命令，在 geostatic 步后增加六个分析步，名称分别为 shezhuang、kaiwa1、cheng1、kaiwa2、cheng2、kaiwa3。分析步类型均为 Static，General，在 Edit step 对话框中，Matrix storage 类型选择 Unsymmetric。

（5）定义相互作用。进入 Interaction 模块，执行【Constrait】/【Create】，如图 4-20 所示，名称采用默认值 Constraint-1，类型选择 Embedde region，点击 Continue，按照状态栏中所提示的 Select the embedded region，选择基坑两侧挡墙（按 shift 键可多选），点击 OK，选择 whole model 作为 host region，点击 OK，对话框中各值采用默认值。

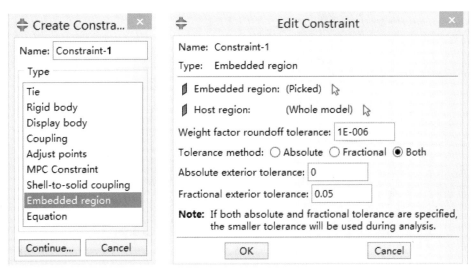

图 4-20　围护墙与土体的相互作用

　　执行【Constrait】/【Create】，如图 4-21 所示，名称为 Constraint-2，类型选择 MPC Contrait，点击 Continue，按照状态栏中所提示的 Select the MPC control point，选择上层钢管撑左顶点（该点位于模型内部，不容易直接选择，此时可以执行【Tools】/【Display group】/【Create】命令，或工具栏中的 ⊙⊙ ⊙⊙ ⊙ 将基坑开挖部分土体消隐后再选择点，在很多情况下都需应用该技巧），点击 OK，状态栏提示 Select region for the slave nodes，此时选择与钢管撑左顶点相接的土体侧面（实际工程中钢管连接于围护墙上，但计算中围护墙采用植入方式模拟，围护墙与所在位置的土体单元成为一个整体，所以建立钢管撑与土体面的连接是可行的），点击 OK，在出现的 Edit Constrait 对话框中将 MPC type 设置为 Tie。同样参照上述步骤依次建立钢管撑其余三个顶点的连接，如图 4-22 所示。

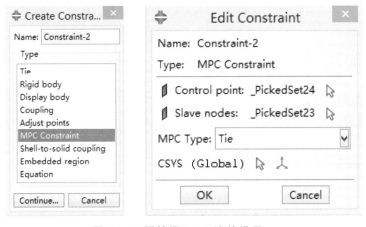

图 4-21　钢管撑 MPC 连接设置

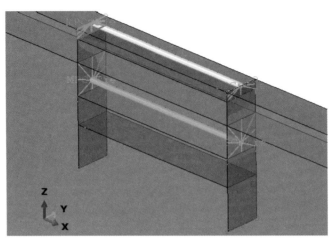

图 4-22　钢管撑连接示意图

执行【Interaction】/【Create】，名称设为 Int-1，Step 为 geostatic，Type 为 Model Change，点击 Continue，弹出 Edit Interaction 对话框，选择 Deactivated in this step，然后点击 Region 右边的箭头 ，在模型中选择两侧围护墙和两道钢管撑作为"杀死"的部件（按 shift 键多选），如图 4-23 所示。

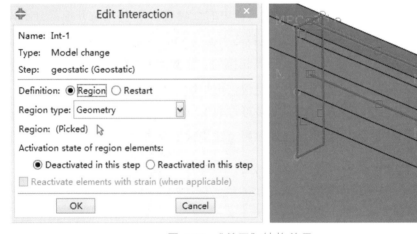

图 4-23　"杀死"结构单元

执行【Interaction】/【Create】，名称设为 Int-2，Step 为 shezhuang，Type 为 Model Change，点击 Continue，弹出 Edit Interaction 对话框，选择 Reactivated in this step，然后点击 Region 右边的箭头 ，在模型中选择两侧围护墙作为"激活"的部件。

执行【Interaction】【Create】，名称设为 Int-3，Step 为 kaiwa1，Type 为 Model Change，点击 Continue，弹出 Edit Interaction 对话框，选择 Deactivated in this step，然后点击 Region 右边的箭头 ，在模型中选择第一层深 1 m 的土作为"杀死"的部件，如图 4-24 所示。

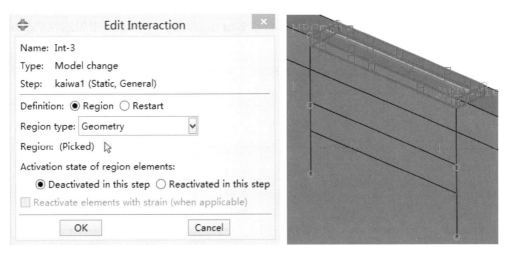

图 4-24　开挖第一层土

执行【Interaction】/【Create】，名称设为 Int-4，Step 为 cheng1，Type 为 Model Change，点击 Continue，弹出 Edit Interaction 对话框，选择 Reactivated in this step，然后点击 Region 右边的箭头 ，在模型中选择第一道钢管撑作为"激活"的部件。

执行【Interaction】/【Create】，名称设为 Int-5，Step 为 kaiwa2，Type 为 Model Change，点击 Continue，弹出 Edit Interaction 对话框，勾选 Deactivated in this step，然后点击 Region 右边的箭头 ，在模型中选择第二步需开挖的土层作为"杀死"的部件。

依次执行【Interaction】/【Create】，定义 Int-6 和 Int-7，分别对应 cheng2（加第二道撑）和 kaiwa3（开挖至基坑底部）分析步。

所有相互作用定义完成后，执行【Interaction】/【Manage】，结果如图 4-25 所示，如设置顺序有误，可以通过 Move Left 和 Move Right 调整施工步的先后顺序。

Name	Initial	geostatic	shezhuang	kaiwa1	cheng1	kaiwa2	cheng2	kaiwa3
✓ Int-1		Created	Propagated	Propagated	Propagated	Propagated	Propagated	Propagated
✓ Int-2			Created	Propagated	Propagated	Propagated	Propagated	Propagated
✓ Int-3				Created	Propagated	Propagated	Propagated	Propagated
✓ Int-4					Created	Propagated	Propagated	Propagated
✓ Int-5						Created	Propagated	Propagated
✓ Int-6							Created	Propagated
✓ Int-7								Created

图 4-25　相互作用定义汇总

（6）定义荷载及边界条件。进入 Load 模块，执行【Load】/【Create】，Name 输入 grav，Step 设为 geostatic，Type 设为 Gravity，点击 Continue，在弹出的 Edit Load 对话框中，将 Component 3 设为-10，如图 4-26 所示。

执行【BC】/【Create】，定义几何边界条件。Name 为 BC-1，Step 选择 initial，Type 选择 Symmetry/Antisymmetry/Encastre，点击 Continue，使用鼠标选择土体模型的左右

两个侧面（X 轴），点击 Done，然后在弹出的 Edit Boundary Condition 中勾选 XSYMM，如图 4-27 所示。

依次执行【BC】/【Create】，建立 BC-2，为模型前后侧面设置 YSYMM 约束；建立 BC-3，为模型底面设置 ENCASTRE 约束。

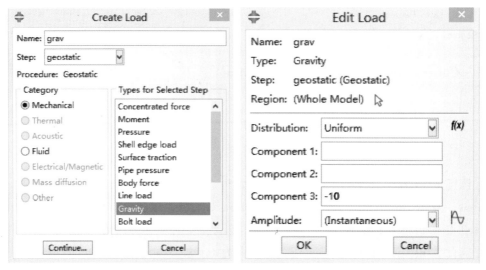

图 4-26　重力输入

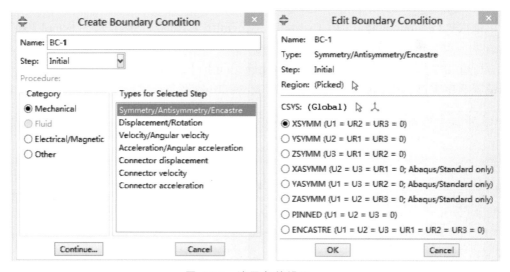

图 4-27　边界条件设置

执行【Predefined Field】/【Create】，定义初始地应力。Name 为 initial stress，Step 选择 initial，Type 设为 Geostatic Stress，点击 Continue，用鼠标选择整个土体模型（注意，不能包括结构单元），在弹出的 Edit Predefined Field 对话框中，按照图 4-28 输入相关数值。

执行【Predefined Field】/【Create】，定义初始孔隙比。Name 为 void ratio，Step
选择 initial，Category 勾选 Other，Type 设为 Void ratio，点击 Continue，用鼠标选择
整个土体模型，在弹出的 Edit Predefined Field 对话框中，void ratio 值输入 0.8，如图
4-29 所示。

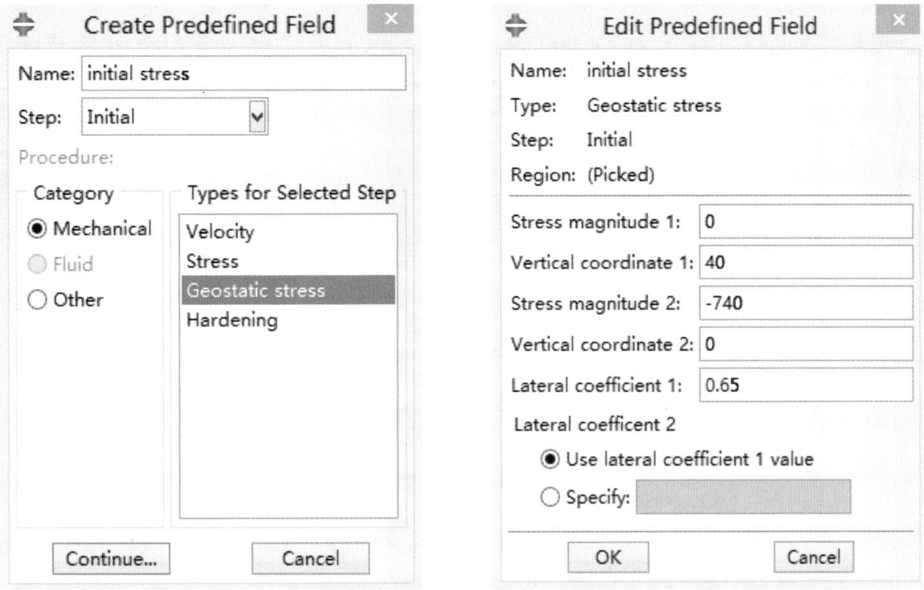

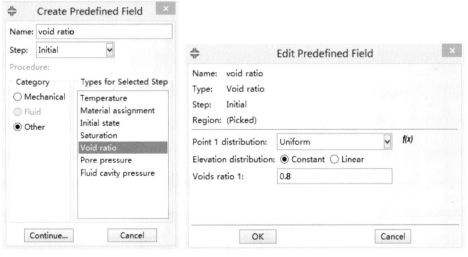

图 4-28　初始地应力场定义

图 4-29　初始孔隙比定义

（7）网格划分。进入 Mesh 模块，将环境栏中的 Object 由 Assembly 为改选为 Part
（即网格基于部件进行划分），在其右的下拉菜单中选择 soil 部件；执行【Seed】/【Part】，
Approximate Global size 设为 1.0；执行【Mesh】/【Element Type】，用鼠标选择整个

土体，点击 Done，在弹出的对话框中，Element Library 勾选 Standard，Geometric Order 选择 Linear，单元类型设为 C3D8R，Hourglass control 勾选 Enhanced，如图 4-30 所示；执行【Mesh】/【Part】，点击 Yes，为 soil 部件划分网格。

环境栏下拉菜单中选择 strut 部件，执行【Seed】/【Part】，Global size 设为 20.0，执行【Mesh】/【Part】，点击 Yes，为 strut 部件划分网格。环境栏下拉菜单中选择 wall 部件，执行【Seed】/【Part】，Global size 设为 1.0，执行【Mesh】/【Part】，点击 Yes，为 wall 部件划分网格。网格划分如图 4-31 所示。

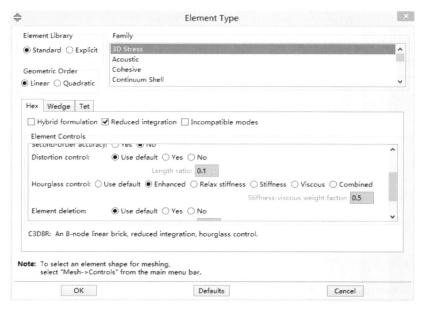

图 4-30　土体单元设置

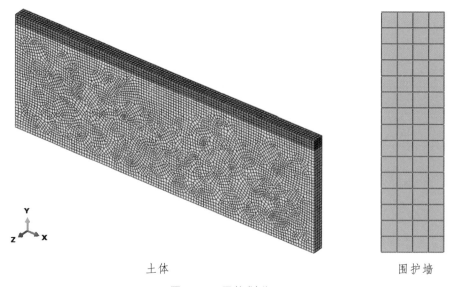

土体　　　　　　　　　　　　　围护墙

图 4-31　网格划分

（8）提交任务。进入 Job 模块，执行【Job】/【Create】，Name 输入 jikeng，点击 Continue，在弹出的 Edit Job 对话框，点击 Parallelization 选项卡，勾选 Use multiple processors，输入值与电脑 CPU 的内核数保持相同，打开并行运算功能以提高计算速度。执行【Job】/【Manage】，点击 Submit，提交任务，如图 4-32 所示。

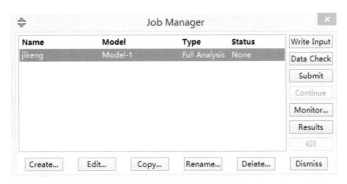

图 4-32　任务提交

3. 结果分析

计算完成后，图 4-32 中的 Status 显示为 Completed，点击 Results，进入 Visualization 模块，程序已自动打开计算结果文件。计算得到的基坑总位移及水平位移云图如图 4-33 所示，水平位移分布左右不对称由两侧网格划分差异引起，理论上应该是完全对称的。由图 4-33 可知，基底出现一定量的隆起变形，最大隆起位移约为 26 mm；基坑侧壁腹部向基坑内突出，最大水平位移出现在 $0.9H$ 深度处（图 4-34），量值约 5 mm，属于典型的抛物线型变形模式，这与实测得到的变形规律吻合，由此也说明了有限元分析的合理性。该地铁车站基坑变形控制等级按一级考虑，支护最大水平位移不大于 $0.14\%H$，且不大于 30 mm，地面最大沉降量不大于 $0.1\%H$（H 为基坑深度），可见当前的支护方案满足设计要求。

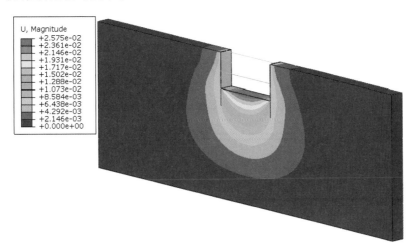

（a）总位移

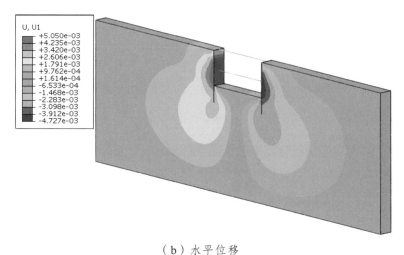

（b）水平位移

图 4-33　基坑位移计算结果（单位：m）

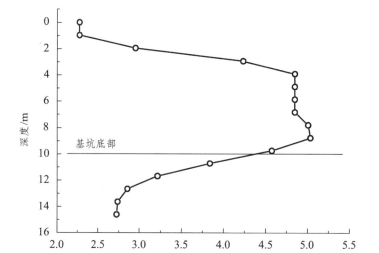

图 4-34　围护墙水平位移

4.3　复合地基处理

4.3.1　复合地基建模方法

　　复合地基是由两种刚度不同的材料（即桩体和桩间土）组成，两者共同分担上部荷载，并协调变形。碎石桩、灰土桩、砂桩、水泥粉煤灰碎石桩（CFG 桩）等都属于复合地基范畴。复合地基虽然与桩基一样都是以桩的形式处理地基，但其与基础之间是通过褥垫层过渡的（图 4-35），仍属于复合地基处理技术。

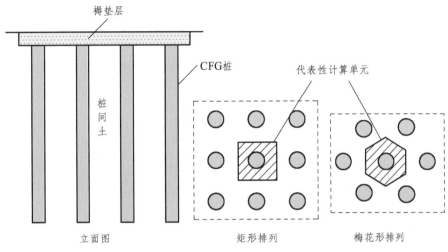

褥垫层

CFG桩

桩间土

代表性计算单元

立面图　　　　矩形排列　　　　梅花形排列

图 4-35　复合地基

1. 计算范围的确定

复合地基不同于桩基础，其处理范围一般较大，上部所受荷载也较为均匀，对于有限元计算而言可视为无限大场地，因此建立复合地基几何模型时，可利用复合地基的对称性缩小几何模型尺寸，从而大幅度减少计算工作量。如图 4-44 所示，对于矩形排列 CFG 复合地基，依据对称性取中间矩形区域（包含一根桩）作为代表性计算单元；梅花形排列形式则取六边形区域作为计算单元。竖直方向尺寸确定要考虑桩底荷载的扩散范围，一般而言，底部边界距离桩底竖向距离不小于 0.7 倍桩长。

2. 本构关系的选取

褥垫层和 CFG 桩一般选用线弹性本构，如要考虑 CFG 桩体的塑性破坏，则选择 Mohr-Coulomb 本构；复合地基土体一般较深，模量沿深度方向的差异（土体的压硬性）对计算结果有重大影响，因此宜使用考虑模量与应力状态相关的土体硬化本构（如 ABAQUS 的修正 Cam-Clay 本构）；亦可使用 Mohr-Coulomb 模型，但是必须手动设置模量沿深度变化（比如沿深度分为若干层，分层设置模量）。但一般地勘报告给出的模量值所对应的竖向应力区间为 100 ~ 200 kPa（相当于 5 ~ 10 m 深土层），此时可根据高压固结试验结果换算得到不同应力区间对应的模量，然后赋给不同深度的土层。

4.3.2　复合地基算例

1. 问题描述

某高速铁路车站路堤修建于软土地基上，拟采用 CFG 桩处理形成复合地基。路堤填土高度为 5 m，褥垫层厚度 0.5 m；土层从上至下依次为粉质黏土Ⅰ、Ⅱ和Ⅲ，厚度均为 10 m，再下则为基岩；CFG 桩长 20 m，直径 0.5 m，采用正方形布置，中-中间距为 1.5 m。各土层及结构的物理力学参数如表 4-4 所示。

表 4-4　计算所采用的材料参数

材料名称	重度 /(kN/m³)	泊松比	模量 /(MN/m²)	黏聚力 /(kN/m²)	内摩擦角 /(°)	说明
路堤填土	20	0.20	45	—	—	简化为均布荷载 100 kPa 施加于褥垫层上
褥垫层	21	0.15	60	—	—	
粉质黏土 I	20	0.30	12	12.8	15.5	
粉质黏土 II	20	0.30	18	20.3	17.5	模量对应竖向应力区间为：200～400 kPa
粉质黏土 III	20	0.30	60	26.5	25.4	模量对应竖向应力区间为：400～600 kPa
基 岩	22	0.25	400	—	—	
CFG 桩	23	0.19	8 000	—	—	

2. 有限元建模（ABAQUS）

（1）建立部件。在 Part 模块中，执行【Part】/【Create】命令，建立名为 soil 的部件。在 Create Part 对话框中，将 Name 设置为 Soil，Modeling Space 设置为 3D，type 为 Deformable，Base Feature 中 Shape 为 Solid，Type 设为 Extrusion，点击 Continue，进入 Sketch 模式，建立宽 1.5 m、高 35 m 的矩形，完成后点击 Done，进入 Edit Base Extrusion 对话框，设置 Depth 为 1.5 m，生成土体外围轮廓实体。执行【Tools】/【Partition】命令，首先使用类型 Face 中的 Sketch 法分割实体中的 XY 平面，然后使用类型 Cell 中的 Extrude/Sweep edges 方法分割实体，将实体分割出五个部分（褥垫层 0.5 m 厚、土层 1~3 各 10 m 厚、基岩 4.5 m 厚）；然后再次执行【Tools】/【Partition】命令，在顶面 Face（XZ 平面）上分割出 CFG 桩截面，然后沿竖向拉伸分割整个土层 Cell。最终形成完整的 soil 部件，如图 4-36 所示。

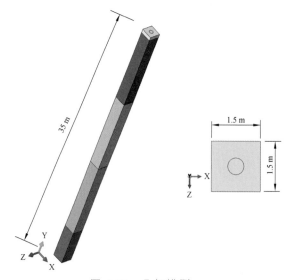

图 4-36　几何模型

（2）设置材料及截面特性。在 Property 模块中，执行【Material】/【Create】命令，建立名称为 soil1 的材料，对应于粉质黏土 I。在 Edit Material 对话框中依次执行【General】/【Density】，【Mechanical】/【Elasticity】/【Elastic】，以及【Mechanical】/【Plasticity】/【Mohr Coulomb Plasticity】，设置 MC 模型参数，输入值如图 4-37 所示。

执行【Material】/【Create】命令，依次建立 soil2、soil3，以及 rock、cushion、CFG 材料，其中 rock、cushion 和 CFG 设为线弹性材料。

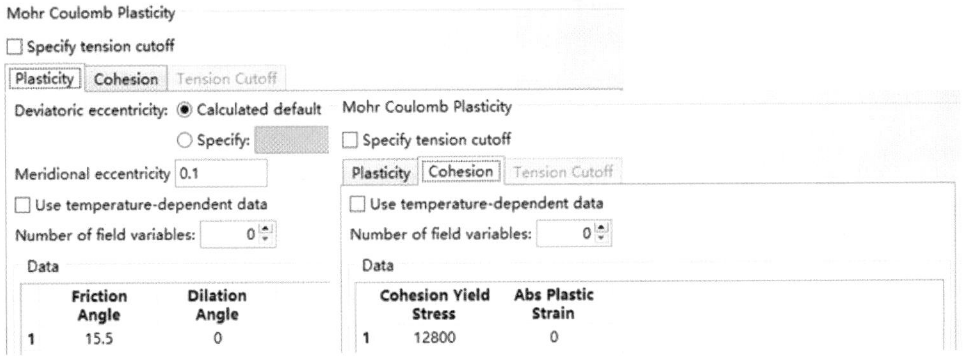

图 4-37　MC 材料参数设置

执行【Section】/【Create】命令，建立名为 soil1 的截面，Category 为 solid，Type 为 Homogeneous，Edit Section 对话框中 Material 设为 soil1。照此依次建立名为 soil2、soil3、rock、cushion、CFG 的 section。

执行【Section】/【Assignment Management】命令，点击 Create，分别为各土层、褥垫层及 CFG 桩指定 section，指定后模型颜色会发生改变。最终如图 4-36 所示。

（3）装配部件。进入 Assembly 模块，执行【Instance】/【Create】命令，导入 soil 部件。

（4）设置分析步。进入 Step 模块，执行【Step】/【Create】命令，在弹出的 Create Step 对话框中，Name 中输入名称 gravity，类型选择 Static General，点击 Continue，弹出 Edit step 对话框，在 Incrementation 选项卡中，勾选 Automatic，在 Other 选项卡中，Matrix storage 类型选择 Unsymmetric。

执行【Step】/【Create】命令，在 gravity 步后添加名为 fill 的荷载步，模拟路堤荷载，如图 4-38 所示。值得说明的是，岩土分析中一般在 Gravity 荷载步后使用 geostatic 荷载步进行地应力平衡，目的是消除重力产生的位移（该位移在工程施工之前早已完成）。但有的时候出于简化分析目的，忽略了结构的施工过程，如本例题中不考虑 CFG 桩的施工过程（包含挖孔，灌注等），直接建立包含 CFG 桩的地层，但桩与土层模量差距极大，地应力平衡计算时不易收敛。一种解决办法是直接略去地应力平衡步，在后处理中通过场变量运算消除地层初始位移。

图 4-38 荷载步设置

（5）定义荷载及边界条件。进入 Load 模块，执行【Load】/【Create】，Name 输入 grav，Step 设为 gravity，Type 设为 Gravity，点击 Continue，在弹出的 Edit Load 对话框中，将 Component 2 设为-9.8。

再执行【Load】/【Create】，Name 输入 load，Step 设为 fill，Type 设为 pressure，点击 Continue，在弹出的 Edit Load 对话框中，将 Magnitude 设为 100e3。

执行【BC】/【Create】，定义几何边界条件。Name 为 BC-1，Step 选择 initial，Type 选择 Symmetry/Antisymmetry/Encastre，点击 Continue，使用鼠标选择土体模型的左右两个侧面（X轴），点击 Done，然后在弹出的 Edit Boundary Condition 中勾选 XSYMM。

依次执行【BC】/【Create】，建立 BC-2，为模型前后侧面（Z轴）设置 ZSYMM 约束；建立 BC-3，为模型底面设置 ENCASTRE 约束。

（6）网格划分。进入 Mesh 模块，将环境栏中的 Object 由 Assembly 为改选为 Part（即网格基于部件进行划分）；执行【Seed】/【Part】，Approximate Global size 设为 0.5；执行【Seed】/【Edge】，选择顶面四边设置分割数为 8，选择顶面中部圆周线设置分割数为 16，选择顶部褥垫层侧边线设置分割数为 2；执行【Mesh】/【Part】，点击 Yes，为 soil 部件划分网格，如图 4-39 所示。

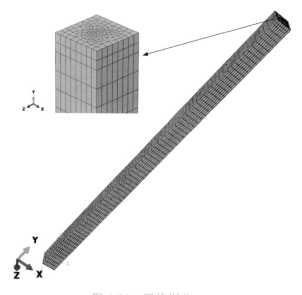

图 4-39 网格划分

（7）提交任务。进入 Job 模块，执行【Job】/【Create】，Name 输入 CFGpile，点击 Continue，在弹出的 Edit Job 对话框，点击 Parallelization 选项卡，勾选 Use multiple processors，输入值与电脑 CPU 的内核数保持相同，打开并行运算功能以提高计算速度。执行【Job】/【Manage】，点击 Submit，提交任务。

3. 结果分析

计算完成后，对话框中 Status 显示为 Completed，点击 Results，进入 Visualization 模块，程序自动打开计算结果文件。执行【Tools】/【Create field output】，建立 fill 末步与 gravity 末步的位移差场 Field-1，如图 4-40 所示。执行【Results】/【Step/Frame】，选择 Session step，显示 Field-1 的结果，如图 4-41（b）[方便对比，图 4-41（a）给出了未扣除初始位移的云图]所示，这就是仅由路堤填筑荷载引起的附加位移，褥垫层顶最大位移约 29 mm。

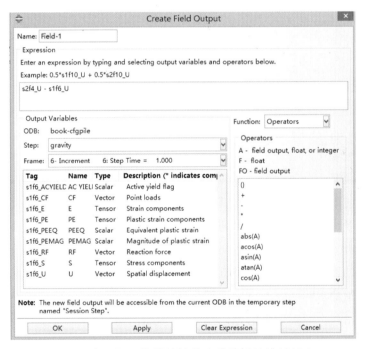

图 4-40　建立新的位移场结果（消除初始位移场）

图 4-42 给出了沿桩间土中心和 CFG 桩中心两条竖向路径（Path）的沉降结果。由图可知，CFG 桩使加固深度范围内地基的沉降得到了明显的控制，CFG 桩复合地基起到了类似实体深基础的作用，将上部荷载有效地传递到了深部土层；同时也可看出 CFG 桩与桩间土之间的沉降差异是客观存在的，褥垫层对此起到了调节作用，这与桩基础存在显著差别。

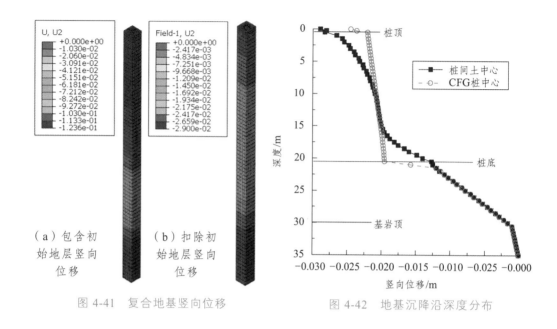

（a）包含初
始地层竖向
位移

（b）扣除初
始地层竖向
位移

图 4-41　复合地基竖向位移

图 4-42　地基沉降沿深度分布

4.4　隧道施工模拟案例分析

4.4.1　隧道施工模拟问题解决思路

　　岩体的性质是十分复杂的，在地下岩体的力学分析中，要全面考虑岩体的所有性质几乎是不可能的。建立岩体力学模型，是将一些影响岩石性质的次要因素略去，抓住问题的主要矛盾，即着眼于岩体的最主要的性质。在模型中，简化的岩体性质有强度、变形，还有岩体的连续性、各向同性及均匀性等。考虑岩石的性质和变形特性，以及外界因素的影响，采用的模型有弹性、塑性、弹塑性、黏弹性、黏弹塑性等。

　　根据对隧道的现场调查及试验结果分析，围岩具有明显的弹塑性性质。因此，根据隧道的实际情况，考虑岩体的弹塑性性质，在符合真实施工工序和支护措施的基础上，在数值模拟过程中将计算模型简化成弹塑性平面应变问题及三维开挖问题，采用Mohr-Coulomb、Heok-Brown 及 Drucker-Prager 等屈服准则来模拟围岩的非线性并且不考虑其体积膨胀，混凝土材料为线弹性且不计其非线性变形。

　　对地下工程开挖进行分析，一般有两种计算模型：

1."先开洞，后加载"

　　在加入初始地应力场前，首先将开挖掉的单元从整体刚度矩阵中删除，然后对剩余的单元加入初始地应力场进行有限元计算。

2. "先加载，后开洞"

这种方法是首先在整个计算区域内作用地应力场，然后在开挖边界上施加反转力，经过有限差分计算得到所需要的应力、位移等物理量。

两种方法对线弹性分析而言，所得到的应力场是相同的，而位移场是不同的，模型 2（即："先加载，后开洞"）更接近实际情况。在实际地下工程开挖中部分岩体已进入塑性状态，必须用弹塑性有限元进行计算分析，而塑性变形与加载的路径有关，所以模拟计算必须按真实的施工过程进行，即在对地下工程升挖进行弹塑性数值模拟过程中，必须遵循"先加载，后开洞"的原则。

4.4.2　基于 FLAC3D5.0 的隧道平面应变问题分析

FLAC3D 虽然是三维程序，但在隧道工程问题分析上可以采用单位纵向长度的模型进行平面问题分析，该分析方法即为平面应变方法，可通过在隧道纵向方向上设置固定边界或者应力边界，以达到仅在平面内有应变的效果。本教材中的隧道平面问题均采用平面应变方法进行分析，此方法的优势在于可以通过小规模的网格模型分析隧道结构的受力状态及围岩的平面内变形，对解决简单问题效率非常高。

1. 问题描述及模型建立

考虑一埋深 30 m，宽度为 4 m 的直墙式隧道，岩体符合 Mohr-Coulomb 屈服准则，采用 FLAC3D5.0 自带的网格建模功能建立如图 4-43 所示网格模型。

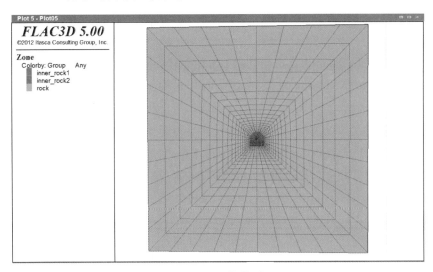

图 4-43　网格模型

按照隧道施工广泛采用的上下台阶法，将待开挖网格分为了两个组，非开挖部分单独分为一个组，以方便后期对网格进行开挖操作。模型几何尺寸为 60 m × 60 m，纵向长度取 1 m。

建立如图 4-43 所示模型的 FLAC3D 代码如下：

```
new ;开始新的项目分析。
set dir F:\tunnel_planar ;设置工作目录至 F:\tunnel_planar。
gen zone radcylinder size 5,1,8,20 ratio 1,1,1,1.2 &
p0  0,0,0  p1  30,0,0  p2  0,1,0  p3  0,0,30  dimension  2,2,2  group  rock  fill  group
inner_rock1 ;以隧道圆弧段圆心为中心生成隧道右上侧部分网格，并对网格分别分组命
名为 rock 和 inner-rock1，"&" 为连字符，当每行代码过长时可用于分割成多行。
gen zone radtunnel size 5,1,5,20 ratio 1,1,1,1.2 &
p0  0,0,0  p1  0,0,-30  p2  0, 1,0  p3  30,0,0  dimension  1.8,2,2  group  rock  fill  group
inner_rock2 ;以隧道圆弧段圆心为中心生成隧道右下侧部分网格，并对网格分别分组
命名为 rock 和 inner-rock2。
gen zone reflect normal -1,0,0 origin 0,0,0 ;以坐标 0,0,0 点为镜像原点对所有网格进
行镜像操作。
gen merge 0.01 ;对网格节点进行融合，融合容差为 0.01 m。
```

需要说明的是上述代码每行末端采用了半角的分号（";"）进行分割，左侧为有效代码，右侧部分为注释说明语句，对代码进行注释是一种非常良好的编程习惯，有助于后期对计算分析代码进行错误检查和修改等操作。

2. 材料参数及边界条件

隧道工程问题模拟过程中，材料参数需根据现场实际地质条件进行取值，本算例中模型参数具体见代码，边界条件限制为底部及四周法向约束。具体代码如下：

```
model mo                 ;选择地层模型为 Mohr-Coulomb 模型。
prop bulk 1.32e9 shear 0.8e9 fric 30 coh 1e5 ten 1e5 dens 2200; 设置体积模量为
1.32e9 Pa,剪切模量为 0.8e9Pa,内摩擦角为 30°,内聚力为 1e5 Pa,抗拉强度为 1e5 Pa,
密度为 2200kg/m³。
fix x range x -30.1,-29.9    ;左侧边界施加法向约束。
fix x range x 29.9,30.1
fix y range y -0.1,0.1       ;前方施加法向约束。
fix y range y 0.9,1.1
fix z range z -30.1,-29.9    ;模型底部施加法向约束。
set grav 0,0,-10             ;施加全局重力加速度。
sol
save natural
```

完成上述边界条件及材料参数后即可进行计算，需要说明的是，施加重力加速度本质上是荷载的一种，本算例中由于埋深较浅，重力梯度不能忽略。采用 solve 命令求解之后的竖向位移场如图 4-44 所示。

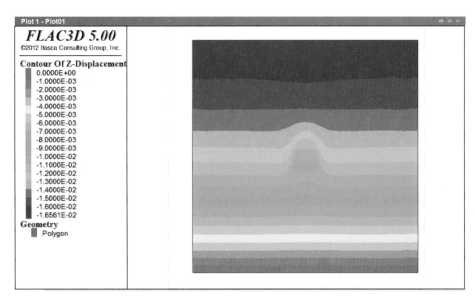

图 4-44　自然沉降后竖向位移场

　　图 4-44 的位移场在隧道周围出现了不均匀的情况，这通常是由于洞周网格较密，而周围稀疏，导致了位移场的非均匀化。此外，上述求解完成后还存在塑性区异常的情况，如图 4-45 所示。

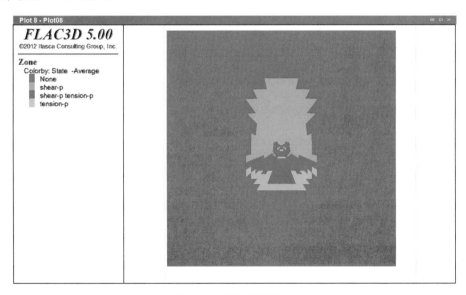

图 4-45　塑性区异常

　　图 4-45 中塑性区异常现象是由于地层在重力作用下出现了较大的竖向变形，位移场异常的同时导致局部网格变形难以协调，出现塑性区异常。此种求解初始应力场方法一般用在地表非水平的情况，求解时间较长，还存在塑性区异常，一般的隧道工程分析较少采用。

对于地表完全水平且无起伏情况则采用赋予网格初始应力场的方法进行求解，其代码如下：

ini szz -6.6e5 grad 0 0 2.2e4 ;设置竖向初始应力场，grad 表示渐变。

ini sxx -2.2e5 grad 0 0 0.733e4

ini syy -2.2e5 grad 0 0 0.733e4

上述代码一般设置在 sol 命令前。

上述地应力平衡方法还可以用于当隧道轴线与地应力主应力方向不一致的情况，而此为地下工程最为常见的情况，通常用于三维地质模型分析，平面应变问题当然也可采用。按照设置初始应力场的方法进行地层模型的自然状态平衡，结果位移场如图 4-46 所示，围岩塑性区如图 4-47 所示。

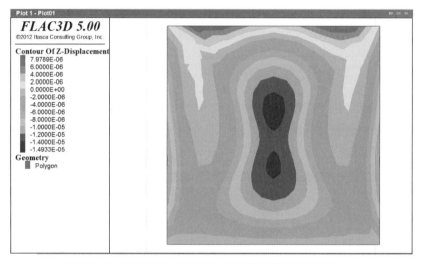

图 4-46 设置初始应力场时的自然状态下位移场

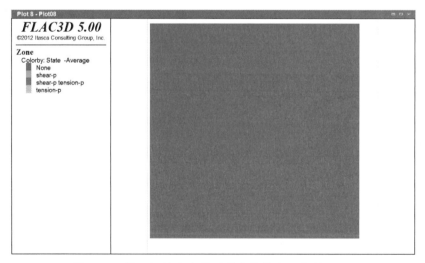

图 4-47 设置初始应力场时的自然状态下塑性区

由图 4-46 和图 4-47 可知，通过设置初始应力场可以消除地层的非均一化变形及异常塑性区，建议在隧道工程分析中采用。显示围岩竖向变形及塑性区的代码如下：

```
Plot contour zdisp              ；显示竖向位移云图。
Plot zone colorby state         ；显示塑性区分布。
```

3. 开挖及支护求解

完成地层初始平衡后即可对模型进行开挖求解，开挖求解的方式一般是将待开挖区域网格赋空，施加支护结构后求解平衡。赋空操作通常采用命令 model null range……进行，range 后接具体的赋空范围，可以是单元组名，也可以是具体的空间范围。开挖及支护求解代码如下：

```
new
restore natural                              ；恢复先前存储的文件。
group inner_rock range group inner_rock1     ；重新对待开挖区域网格分组。
group inner_rock range group inner_rock2
model null range group inner_rock z 0,2      ；对待开挖区域上台阶单元赋空。
sel cable id 1 begin=(1.414,0.5,1.414) end=(3.5355,0.5,3.5355) nseg=10   ；设置锚
杆，ID 号为 1，锚杆分为 10 个单元。
sel cable id 1 begin=(0,0.5,2) end=(0,0.5,5) nseg=10
sel cable id 1 begin=(-1.414,0.5,1.414) end=(-3.5355,0.5,3.5355) nseg=10
sel cable id 1 prop xcarea=2e-3 emod=200e9 yten=1e20 gr_k=1e10 gr_coh=3e5   ；设
置截面积、弹性模量、拉拔强度、注浆剪切刚度、注浆内聚力等锚杆参数。
sel shell id=1 range cyl end1 0,0,0 end2 0,1,0 rad 2 z 0,2 group rock    ；设置 shell
支护单元模拟喷射混凝土。
sel shell id=1 prop iso=(10e9,0.25) thick=0.2      ；shell 单元弹性模量、泊松比及厚度。
sol                              ；求解。
   save up_stage
model null range group inner_rock z -2,0     ；开挖下台阶。
sel cable id 1 begin=(2,0.5,0) end=(5,0.5,0) nseg=10
sel cable id 1 begin=(-2,0.5,0) end=(-5,0.5,0) nseg=10
sel cable prop xcarea=2e-3 emod=200e9 yten=1e20 gr_k=1e10 gr_coh=3e5
sel shell id=1 range x -2.1,2.1 y 0.01,0.99 z -1.79,0 group rock
sel shell id=1 prop iso=(10e9,0.25) thick=0.2
sol
save down_stage
pl sel shell contour zdisp                   ；显示初支结构竖向位移。
```

4. 结果分析

提取两台阶开挖法的模型位移场（图 4-48）、剪应力场（图 4-49）、塑性区分布（图 4-50）、隧道支护结构内力及变形（图 4-51），其命令分别为：

Plot contour zdisp	；竖向位移。
plot zonecontour sxz	；剪应力。
Plot zone colorby state	；塑性区。
Plot sel shcontour maxmoment	；初支最大弯矩。
Plot sel shell contour zdisp	；初支位移。
Plot sel cabblock force	；锚杆轴力。

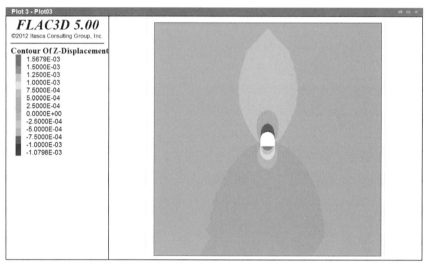

图 4-48　竖向位移场

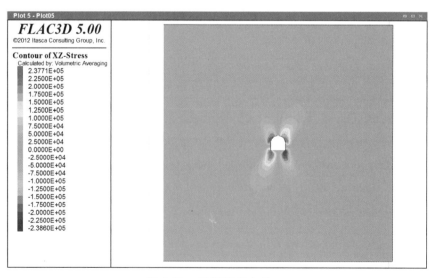

图 4-49　围岩剪应力场

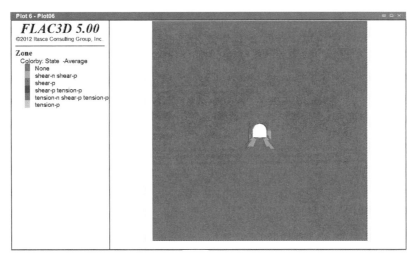

图 4-50 围岩塑性区分布

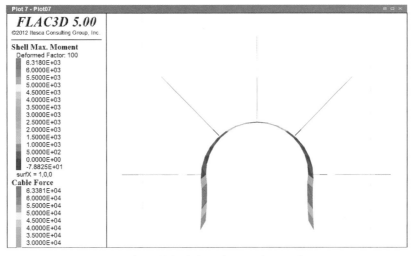

图 4-51 初支结构内力（变形放大 100 倍）

上述求解分析过程采用了常见的两台阶法进行开挖施工，围岩开挖后立即施加支护结构，与实际情况存在一定差异。隧道开挖本质上是个三维问题，掌子面对其后方的围岩具有一定的支撑作用，因而开挖后存在一定的瞬间弹性释放，随着掌子面继续前进，后方围岩变形逐渐增大。因此，为取得更高的求解准确性，有必要考虑局部应力释放问题。

4.4.3 考虑应力释放的平面问题分析

1. 应力释放研究现状

岩石在自然环境中，特别是在深部地层当中，常常受到上部地层和重力的影响，因此岩体中二次应力的发展非常复杂，难以界定。隧道开挖过程中，一部分的岩石通常会受到来自隧道洞顶岩石的去除而产生的力——拉应力，有时拉应力会相当高，都会在隧道围岩的周边产生，由于岩石开挖洞周应力的释放会导致周边围岩的变形，从三向应力状态转变为双向应力状态。在隧道施工过程中，架设支护结构的目的是提高和维持岩体的自承能力，以最大程度地发挥岩体的承载能力，并且在岩体内产生有利于发展的内应力场。

1938 年，芬纳进行了上部地层和水力结构相互作用方面的研究，并发现了基础的特殊变化曲线和弹塑性介质的解决方案。1963 年，Pacher 进行了同样的研究，并取得了同样的结果。当隧道设计考虑上部地层和水工结构之间的相互作用时，其结果采用新奥法（NATM）施工和实际结构是比较适合的。此外，在隧道设计中，隧道衬砌和洞室周围地层之间的相互作用，以及相应的地基反压力曲线，通常被考虑在内。在隧道设计中，收敛-约束法通常被认为是有效的。2007 年，越南 Nguyen 通过研究改变地下水压力载荷，从而影响隧道衬砌的结构，在同一年，Vu 和 Do 也采用收敛-约束的方法对隧道进行设计计算，并假定 u_0 为初始变形值。

根据 Fenne（1938 年）和 Pacher（1963 年）的研究，如果一个刚性支撑结构架设得比较及时，会因为开挖洞室周围变形不够大而先达到平衡，之后它将会有更大的承载能力。在 p_i 曲线外的 C 点（图 4-52），岩石性质将变为非线性（塑性）。当支护结构安装后产生了一定的位移（图 4-52A 点），则该体系达到与对隧道衬砌较小的均衡负载，之后围岩开始松动，曲线将达到其最低值（图 4-52B 点），而隧道衬砌压力则增加得非常快。如果使围岩变形得到适度发展后施作支护结构，则作用在支护结构上的压力将达到最小值，将不会导致隧道的失稳，如图 4-52 所示。

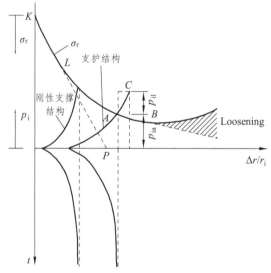

P_i—支护压力；σ_i—径向应力；Δr—径向位移；r_i—隧道半径；
p_{ia}—为外衬砌的支护抗力；p_{il}—为内衬砌的支护抗力。

图 4-52 根据 Fenner（1938）和 Pacher（1963）得到的围岩和支护特征曲线

这项研究证实了收敛-约束法在考虑地层反压力曲线、应力释放效应以及隧道衬砌和洞周隧道洞室相互作用条件下，可以确定隧道的应力和位移。

由此可见，在分析隧道支护结构的内力时，确定出合理的支护时机对分析结果的准确性至关重要。采用平面应变问题进行隧道结构受力分析时，通常在隧道洞周施加与节点不平衡力方向相反的集中作用力，并对其乘以一个折减系数，待达到平衡后再施加支护，同时撤除集中反力，然后求解平衡。基于该原理，本节将进行简单示范。

2. 应力释放法示例

应力释放的核心步骤为通过 fish 函数查找待开挖区域与周围岩体公用的节点，通过将待开挖区域赋空，迭代 1 步之后提取该类节点的不平衡力，然后将节点的部分反力施加于相应节点上，并求解平衡。具体代码如下：

```
new
restore natural                          ;恢复先前存储的文件。
group inner_rock range group inner_rock1 ;重新定义组名。
group inner_rock range group inner_rock2
range name rock group rock
range name inner_rock group inner_rock
model null range group inner_rock        ;对待开挖区域单元赋空。
step 1
ini xdisp 0 ydisp 0 zdisp 0
def force_get                            ;定义函数。
 local   relax_coef=0.3                  ;定义释放率。
 local   relax_m=1.0-relax_coef
 n=1
 p_gp=gp_head
    loop while p_gp # null
    zpos=gp_zpos(p_gp)
    if in_range("inner_rock",p_gp) = 1 then  ;判断节点的从属性。
    if in_range("rock",p_gp) = 1 then
        xf=-gp_xfunbal(p_gp)*relax_m     ;计算作用于节点三向不平衡反力。
        yf=-gp_yfunbal(p_gp)*relax_m
        zf=-gp_zfunbal(p_gp)*relax_m
        pid=gp_id(p_gp)
        table(1,n)=pid                   ;将节点 ID 存储至表。
        table(2,n)=gp_xfunbal(p_gp)      ;将全部节点不平衡力存储至表。
        table(3,n)=gp_yfunbal(p_gp)
        table(4,n)=gp_zfunbal(p_gp)
```

```
        n=n+1
        command
          apply xforce @xf rang id @pid        ; 将部分节点反力施加至相应节点。
        apply yforce @yf rang id @pid
        apply zforce @zf rang id @pid
        endcommand
    endif
  endif
  p_gp=gp_next(p_gp)
 endloop
end
@force_get
sol
```

通过上述代码可以求解至隧道施工支护前的模型应力状态，本例中应力释放率定义为 0.3，可根据实际情况进行修改，据此研究不同释放率条件下的初支结构受力状态。

应力释放完成后，在开挖边界节点上进行集中力更新，采用如下命令完成：

```
define force_refresh
    size= table_size( 1 )           ; 计算表 1 长度，即：元素个数。
    loop i (1,size)
            xf1=table(2,i)          ; 提取各表中元素，本例中没有用上其中值，仅作
                                      示例，展示其用法。
    yf1=table(3,i)
    zf1=table(4,i)
    pid1=int(table(1,i))
    command
        apply xforce 0 range id @pid1      ; 集中力更新。
        apply yforce 0 range id @pid1
        apply zforce 0 range id @pid1

    endcommand
    endloop
end
@ force_refresh
```

上述代码中部分在本例中没有采用，仅用于说明其用法。节点集中反力更新直接采用在原节点上新施加值为 0 的作用力，原有作用力自动被撤销，但模型的应力状态得到保持。此时的模型剪应力场如图 4-53 所示。

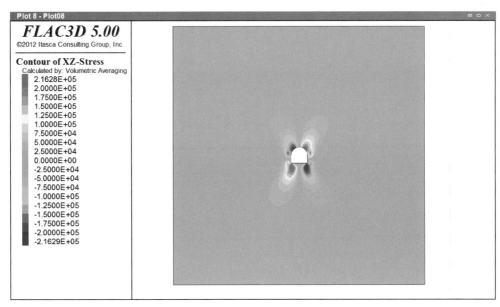

图 4-53　应力释放 30%后的剪应力场

完成应力释放及节点集中反力更新后即可施加支护结构，在此之前不能对模型进行求解操作，支护结构代码如下：

```
sel cable id 1 begin=(1.414,0.5,1.414) end=(3.5355,0.5,3.5355) nseg=10
sel cable id 1 begin=(0,0.5,2) end=(0,0.5,5) nseg=10
sel cable id 1 begin=(-1.414,0.5,1.414) end=(-3.5355,0.5,3.5355) nseg=10
sel cable prop xcarea=2e-3 emod=200e9 yten=1e20 gr_k=1e10 gr_coh=3e5
sel shell id=1 range cyl end1 0,0,0 end2 0,1,0 rad 2 z 0,2 group rock
sel shell id=1 prop iso=(10e9,0.25) thick=0.2
sel cable id 1 begin=(2,0.5,0) end=(5,0.5,0) nseg=10
sel cable id 1 begin=(-2,0.5,0) end=(-5,0.5,0) nseg=10
sel cable prop xcarea=2e-3 emod=200e9 yten=1e20 gr_k=1e10 gr_coh=3e5
sel shell id=1 range x -2.1,2.1 y 0.01,0.99 z -1.79,0 group rock
sel shell id=1 prop iso=(10e9,0.25) thick=0.2
sol
```

完成后的围岩位移场如图 4-54 所示，左侧为释放 30%时的竖向位移场，右侧为最终结果。

可见释放 30%时的拱顶沉降占到了总沉降的约 44.6%，这样的释放率并不一定十分精确。从本质上看，应力释放率跟许多因素都有关系，如支护时机、施工进度、围岩等级等，需要根据具体情况而确定。但本案例中的释放可以任意调整，通过不断调整释放率，结合现场监测条件，也可以得出较为合理的释放率，用于分析隧道支护结构的受力状态。

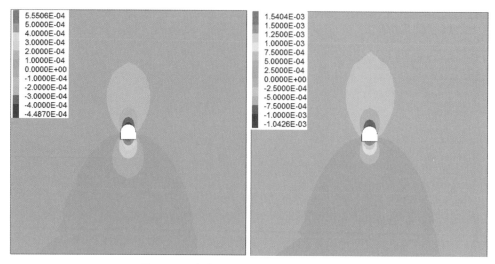

图 4-54　应力释放及最终竖向位移场

释放 10%和释放 30%时的支护结果弯矩如图 4-55 所示。

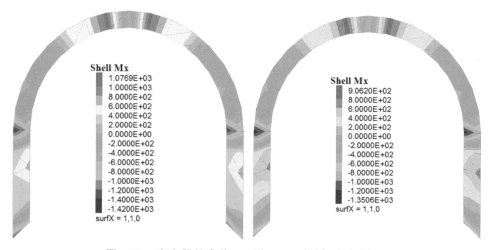

图 4-55　应力释放率为 10%和 30%时的初支弯矩

由图 4-55 可知，不同的应力释放率对结构的受力状态有非常大的影响，因此在进行平面简化分析时有必要确定出合理的应力释放率。本示例采用的是全断面法施工，仅进行了一次应力释放，如果采用两台阶法或者三台阶法施工则需要进行多次应力释放，方法是一致的，此处不再赘述。

4.4.4　隧道三维施工模拟

1. 模型建立及计算过程

在进行隧道施工简化分析时，可以采用二维平面问题分析初支结构的受力问题，但对于施工期间的地表沉降、隧道围岩纵向变形规律及初支结构的纵向受力分析时，则必须采用三维模型实现。

典型的隧道三维开挖问题分析包含以下步骤：

（1）建立三维地质模型并求解其自然平衡状态；

（2）对所关心的区域进行局部网格加密并采用 fish 函数编制开挖及支护循环函数；

（3）提取所记录的数据结果并进行分析。

本节示例仍然采用前述模型进行分析，建模及地层自然平衡状态求解过程代码如下：

```
new
set dir F:\tunnel3D
gen zone radcylinder size 5,100,8,20 ratio 1,1,1,1.2 &
p0 0,0,0 p1 30,0,0 p2 0,100,0 p3 0,0,30 dimension 2,2,2 group rock fill group inner_rock1
gen zone radtunnel size 5,100,5,20 ratio 1,1,1,1.2 &
p0 0,0,0 p1 0,0,-30 p2 0, 100,0 p3 30,0,0 dimension 1.8,2,2 group rock fill group inner_rock2
gen zone reflect normal -1,0,0 origin 0,0,0
group rock group inner_rock1 not group inner_rock2 not
gen merge 0.01
define position_adjust          ; 定义纵向网格加密函数。
    gp=gp_head                  ; 指针指向节点。
    loop while gp#null          ; 循环条件，指针不为空。
        yy=gp_ypos(gp)          ; 查询纵向坐标。
        if yy>20                ; 判断条件。
            if yy<=80
                gp_ypos(gp)=(yy-20)/3.0+20   ; 中间 20 m 加密为初始值的 3 倍。
            endif
            if yy>80
                gp_ypos(gp)=yy-40            ; 最前方 20 m 网格前移。
            endif
        endif
        gp=gp_next(gp)
    endloop
end
@position_adjust
model mo ;
```

```
prop bulk 1.32e9 shear 0.8e9 fric 30 coh 1e5 ten 1e5 dens 2200
fix x range x -30.1,-29.9              ;边界条件。
fix x range x 29.9,30.1
fix y range y -0.1,0.1
fix y range y 59.9,60.1
fix z range z -30.1,29.9 ;
set grav 0,0,-10 ;
ini szz -6.6e5 grad 0 0 2.2e4          ;初始化地应力。
ini sxx -2.2e5 grad 0 0 0.733e4
ini syy -2.2e5 grad 0 0 0.733e4
sol
save natural3D
```

上述代码执行后得到的地层模型初始位移场如图 4-56 所示。

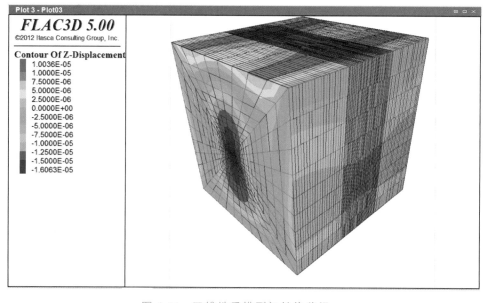

图 4-56　三维地质模型初始位移场

图 4-56 中出现了量级为 10^{-5} 级别的竖向位移，相对于开挖引起的位移基本可以忽略不计，因此初始地应力场的平衡是准确的。中部 20 m 长度的网格进行了加密，以方便在后期的开挖求解中得到更为准确的结果。

下一步进行开挖循环及支护结构施作，假定每次开挖完成后的隧道在施加初支前由于收到掌子面的支撑作用是稳定的，因此开挖每步后直接求解至平衡，在下一循环开挖瞬间保持模型应力状态，施作本次循环的支护结果，如此直至隧道开挖完成。其重点环节在于编制合理的开挖支护循环控制函数，本示例中开挖及支护函数如下：

```
restore natural3D                    ; 恢复文件。
ini xdisp 0 ydisp 0 zdisp 0          ; 位移场清零。
define excavation                    ; 定义开挖函数。
loop i (1,60)
    USbegin=i-1                       ; 上台阶开挖起点坐标。
    USend=I                          ; 上台阶开挖终点坐标。
    UCcenter=i-0.5                    ; 上台阶锚杆纵向坐标。
    DSbegin=i-11
    DSend=i-10
    DCcenter=i-10.5
    name='exca'+string(i)             ; 开挖至加密区域时保存的文件名。
    command   ; 函数内部使用 FLAC3D 关键字时需置于 command.....endcommand
之间。
            model null range group inner_rock1 y @USbegin,@USend
            solve                ; 开挖及求解。
            sel cable id 1 begin=(1.414,@UCcenter,1.414) end=(3.5355,
@UCcenter,3.5355) nseg=10
            sel cable id 1 begin=(0,@UCcenter,2) end=(0,@UCcenter,5)
nseg=10
            sel cable id 1 begin=(-1.414,@UCcenter,1.414) end=(-3.5355,
@UCcenter,3.5355) nseg=10
            sel cable prop xcarea=2e-3 emod=200e9 yten=1e20 gr_k=1e10
gr_coh=3e5
            sel shell id=1 range cyl end1 0,@USbegin,0 end2 0,@USend,0 rad
2 z 0,2 group rock
            sel shell id=1 prop iso=(10e9,0.25) thick=0.2    ; 支护结构。
    endcommand
    if i>10                          ; 下台阶滞后 10 m。
    command
            model null range group inner_rock2 y @DSbegin,@DSend
            solve
            sel cable id 1 begin=(2,@DCcenter,0) end=(5,@DCcenter,0) nseg=10
            sel cable id 1 begin=(-2,@DCcenter,0) end=(-5,@DCcenter,0) nseg=10
```

```
                sel  cable  prop  xcarea=2e-3  emod=200e9  yten=1e20  gr_k=1e10
gr_coh=3e5
                sel shell id=1 range x -2.1,2.1 y @DSbegin,@DSend z -1.79,0 group
rock
                sel shell id=1 prop iso=(10e9,0.25) thick=0.2
        endcommand
        endif
        if i>20    ; 保存 20~40 m 区段内每步开挖后文件, 以便于后期提取结果。
        if i<40
                command
                    save @name
                endcommand
        endif
        endif
        endloop
end
@excavation
```

2. 结果提取及分析

本示例中对上台阶开挖至 20~40 m 的每个施工步计算文件都进行了保存，下面提取掌子面开挖至 30 m 处时的拱顶轴向位移云图，如图 4-57 所示。

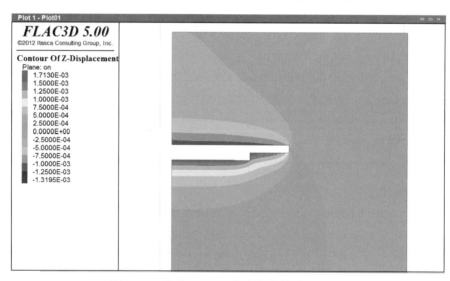

图 4-57   掘进至 30 m 处的竖向位移云图

通过编制 fish 函数可提取拱顶在轴向上的沉降规律，代码如下：

```
new
rest exca30
define zdisp_extraction
        gp=gp_head
        loop while gp#null
                zpos=gp_zpos(gp)                    ; 查找坐标。
                xpos=gp_xpos(gp)
                ypos=gp_ypos(gp)
                zz=abs(zpos-2.0)
                xx=abs(xpos-0.0)                    ; 对坐标进行容差定位。
                if zz<0.1                           ; 判断坐标是否满足容差。
                    if xx<0.1
                        zdisp=gp_zdisp(gp)          ; 提取沉降。
                        table(10,ypos)=zdisp        ; 存储沉降至表。
                        endif
                    endif
            gp=gp_next(gp)
endloop
end
@zdisp_extraction
```

按此方法提取的拱顶沉降如图 4-58 所示。

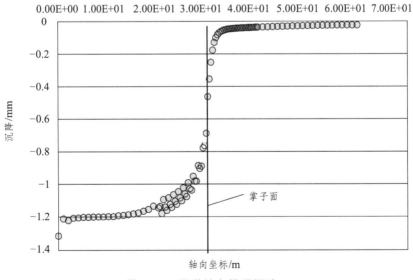

图 4-58　隧道轴向拱顶沉降

4.4.5 基于 ABAQUS 软件的隧道二维结构计算分析示例

ABAQUS 是一种大型有限元通用平台计算模拟分析软件,可用于分析隧道各种二维和三维问题,本节采用 ABAQUS 分析隧道二维平面应变状态的支护结构受力,主要过程包括如下步骤:

(1)采用 ABAQUS/CAE 前处理建立模型;

(2)输入模型参数;

(3)装配部件;

(4)建立分析步,并修改相关参数;

(5)设置边界条件及施加荷载;

(6)网格划分;

(7)提交计算并进行后处理。

下面将这一过程进行简要示例。

1. 建模及相关参数输入

考虑一埋深为 20 m、直径为 10 m 的浅埋隧道,在 CAE 中建立如图 4-59 所示模型,地层为均质地层,弹性模量 0.2 MPa,泊松比 0.2,密度 2 000 kg/m³,内摩擦角为 20°,内聚力 50 kPa,模型宽度 60 m。

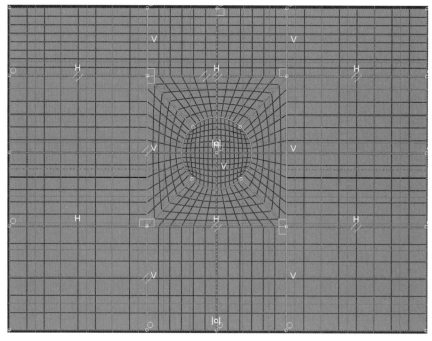

图 4-59 有限元模型

（1）建立部件。在 Part 模块中，执行【Part】/【Create】命令，建立名为 tunnel 的部件。在 Create Part 对话框中，将 Name 设置为 tunnel，Modeling Space 设置为 2D Planar，type 为 Deformable，Base Feature 中 Shape 为 Shell，点击 Continue，进入 Sketch 模式，建立边坡几何部件，完成后点击 Done。建立支护结构，在 Part 模块中，执行【Part】/【Create】命令，建立名为 support 部件。分别选取 2D planar、deformable、line，建立直径为 10 m 的圆。

（2）设置材料及截面特性。在 Property 模块中，执行【Material】/【Create】命令，建立名称为 soil 的材料。在 Edit Material 对话框中执行【General】/【Density】，输入 2000；执行【Mechanical】/【Elasticity】/【Elastic】，模量输入 200e6，泊松比输入 0.2；执行【Mechanical】/【Plasticity】/【Mohr Coulomb Plasticity】，在 Plasticity 选项卡中，选择内摩擦角为 20°，剪涨角为 0，内聚力为 50 kPa。（注意，所有单位量纲必须统一，建议使用国际单位制）。同时，建立衬砌材料参数，弹性模量为 20e9Pa，泊松比 0.2，如图 4-60 所示。

图 4-60　相关材料参数输入

执行【Section】/【Create】命令，建立名为 soil 的截面，Category 为 solid，Type 为 Homogeneous，Edit Section 对话框中 Material 设为 soil。对部件 2 采取同样方法设置截面参数，高度设置为 0.2 m。

分别执行【Section】/【Assignment Management】命令，点击 Create，为整个模型指定截面 soil，指定后模型颜色会发生改变。

（3）装配部件。进入 Assembly 模块，执行【Instance】/【Create】命令，导入两个部件，装配好的模型如图 4-61 所示。

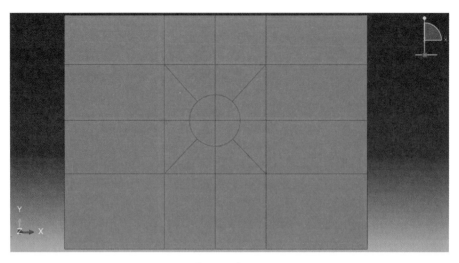

图 4-61　装配形成的 Instance

（4）设置分析步。进入 Step 模块，执行【Step】/【Create】命令，在弹出的 Create Step 对话框中，Name 中输入名称 geostatic，类型选择 geostatic，点击 Continue，弹出 Edit step 对话框，在 Incrementation 选项卡中，勾选 Automatic，在 Other 选项卡中，Matrix storage 类型选择 Unsymmetric。

执行【Step】/【Create】命令，在弹出的 Create Step 对话框中，Name 中输入名称 excavation，类型选择 Static，General，点击 Continue，弹出 Edit step 对话框，在 Other 选项卡中，Matrix storage 类型选择 Unsymmetric。

（5）设置单元激活及相关关系。进入 Interaction 模块，执行【interaction】/【create】命令，在弹出的对话框中选择 model change，分析步选择为 excavation，在弹出对话框中选择区域，选中图中圆形待开挖区域，如图 4-62 所示。同样操作对 part2 中单元设置为在第一分析步中无效，第二分析步中激活。

图 4-62　"杀死待开挖区域"过程

点击菜单栏中【约束】，选择新建约束，弹出对话框中选择"内置区域"，然后分别选中支护结构和周边岩体如图 4-63 所示。

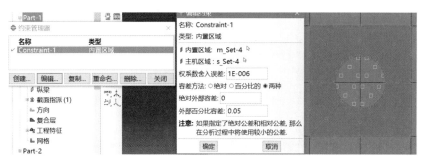

图 4-63 采用内置区域建立围岩与支护关系（刚性连接）

（6）网格划分。进入 Mesh 模块，将环境栏中的 Object 由 Assembly 为改选为 Part（即网格基于部件进行划分）；执行【Seed】/【Part】，Approximate Global size 输入 2.0；执行【Mesh】/【Controls】，Element shape 设置为 Quad，即完全划分为四边形单元；执行【Mesh】/【Element Type】，用鼠标选择整个土体，点击 Done，在弹出的对话框中，Element Library 勾选 Standard，Geometric Order 选择 Quadratic（二次单元），Family 选择 Plane Strain（平面应变问题），将 Reduce integration 前的勾去掉（取消缩减积分），单元类型变为 CPE4；执行【Mesh】/【Part】，点击 Yes，为整个部件划分网格。采用同样操作划分衬砌单元，选择 B21 梁单元。

（7）提交任务。进入 Job 模块，执行【Job】/【Create】，Name 输入 tunnel，点击 Continue，在弹出的 Edit Job 对话框，点击 Parallelization 选项卡，勾选 Use multiple processors，输入 CPU 内核数，打开并行运算功能。执行【Job】/【Manage】，点击 Submit，提交任务。

2. 结果分析

分析完成后进入后处理模块（可视化），在工具栏中选择竖向位移显示、塑性应变、衬砌弯矩等项目，分别如图 4-64、图 4-65、图 4-66 所示。

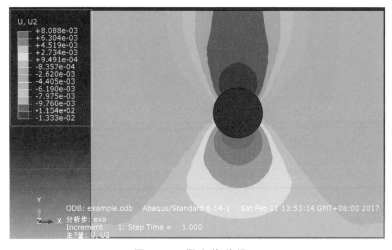

图 4-64 竖向位移场

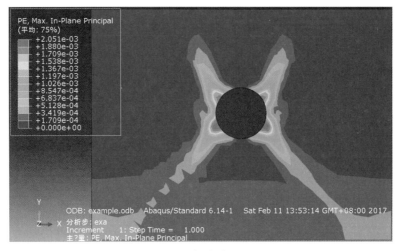

图 4-65　塑性应变云图

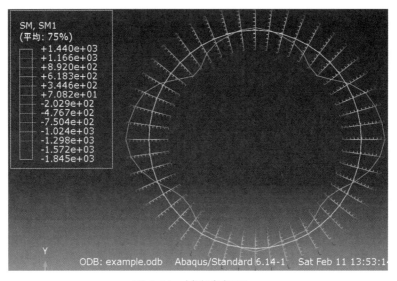

图 4-66　衬砌弯矩图

4.5　综合案例分析

4.5.1　计算模型

锦屏一级水电站进水口、泄洪洞进口引渠内侧边坡位于普斯罗沟上游侧，天然岸坡走向 N20°~30°E，坡度约 60°~80°。自然岸坡呈陡缓相间的地貌形态，自然边坡未见大的变形失稳迹象。坡体上部为杂谷脑组第二段第 6 层大理岩，薄—中厚层结构，层面裂隙及层间挤压错动带较发育；坡体中下部为第 4、5 层厚层大理岩、杂色角砾状大理岩，厚层块状结构，第 4 层中夹绿片岩透镜体，为典型的顺向坡。坡体中发育的主要软弱结构面有 f13、fyj6、fXD5、f8SZ-1、f8SZ-2、f8SZ-3 共 6 条断层，gyj2、gyj3 ~ gyj7、g8sz-1、gXN2、gXN4 等多条层间挤压错动带，如图 4-67（a）、（b）所示。由边坡破坏模式分析可知，层间挤压错动带性状软弱，遇水泥化，构成潜在失稳块体的底滑面。工程边坡揭露的层间挤压错动带中，gyj3 ~ gyj7 发育位置最低，所构成的潜在失稳块体体积最大，是边坡稳定性的控制性块体。据此确定数值模拟潜在失稳块体边界条件为：gyj3 为滑动带，fyj6 为后缘拉裂面，NWW 向裂隙为上游侧边界，不考虑块体内部的层间挤压错动带，并假定 NWW 向裂隙性状极差，与断层性状相同。滑块顺河向长约 155 m，横河向长约 80 m，高差达 183 m。计算模型如图 4-67（c）~（e）所示。模型概化为滑体、滑床、滑带 3 部分，参数取值如表 4-5 所示。

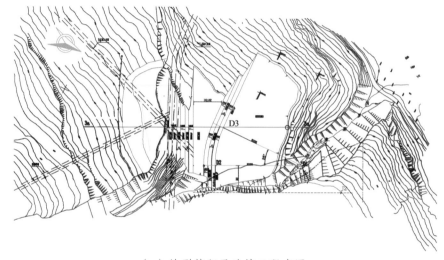

（a）地形特征及边坡工程布置

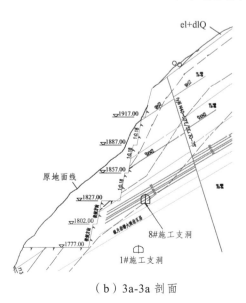

（b）3a-3a 剖面

（c）三维实体模型（UGS 中）

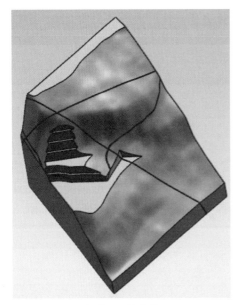
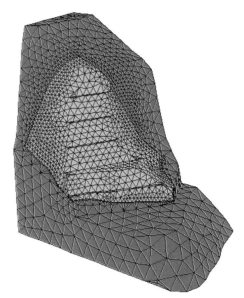

（d）工程边坡　　　　　　　　　（e）工程边坡网格

图 4-67　边坡模型

表 4-5　计算参数

岩体类别	弹性模量/GPa	泊松比	内聚力/MPa	内摩擦角/（°）	重度/（kN/m³）
滑体	3	0.35	0.6	35	27
滑带	0.4	0.4	0.15	31	27
滑床	26	0.25	2	53.5	27

4.5.2　滑坡稳定性分析的点安全系数

对于滑坡研究，工程界集中于研究滑坡的失稳破坏机制和稳定性程度。其中，极限平衡法用以研究滑坡稳定性，其发展最为成熟。但极限平衡法只能得到整体安全系数，无法确定滑面上各点不同的稳定程度，因此不能较好地分析滑坡滑动机制。

在已知滑面的情况下，建立三维数值分析模型，采用薄层 8 节点六面体单元离散滑带，通过三维数值分析确定滑带单元的空间应力状态，在滑带单元上定义点安全系数，滑带单元点安全系数对滑带面积的加权平均作为滑坡的整体安全系数。通过分析滑带单元点安全系数的分布规律研究滑坡的空间滑动机制，进行针对性的支挡防护，而用整体安全系数评价滑坡的整体稳定性。

1. 滑带单元应力计算

滑带上的点安全系数是通过分析滑带应力状态得到的，因此，首先需要计算得到滑带单元应力状态,可以采用 FLAC3D 三维数值计算程序进行计算。数值计算过程中,采用实体单元模拟滑带岩土体,需要将滑带离散为薄层八节点六面体单元,即在滑带的法向上,单元尺寸(d)较小,同时也需要顾及数值计算模型中单元尺寸的协调性,差别不宜太大。单元划分的最终结果是在滑带的切向上,使单元尺寸(l)较厚度(d)大,以保证能够准确确定滑带单元的法向量。

滑坡体可以划分为滑体、滑带和滑床三个部分。滑体部分数值计算的结果对滑带单元的实际应力状态有一定影响。因此,其单元尺寸需要与整个计算模型的单元尺寸相协调,材料本构模型可选用与实际岩土体性质相适宜的本构模型。滑床是滑坡产生滑动的底座,为简化计算,其材料本构模型可采用弹性本构模型。

滑带材料本构模型可采用理想弹塑性体本构模型,单元的应力强度准则采用摩尔-库仑强度准则（M-C 准则）,即

$$\tau = \sigma \tan \varphi + c \tag{4-1}$$

式中,c、φ 为滑带岩体的抗剪强度参数。

计算分为 3 个计算步:

计算步 1:全计算域选用弹性本构模型,计算坡体的初始应力场;

计算步 2:坡体各部分选用与其实际材料特性相适宜的本构模型,计算坡体实际应力场;

计算步 3:分析计算步 1 和计算步 2,得到滑带单元节点计算步 2 相对于计算步 1 的位移增量。

通过上述计算步骤,得到了滑带单元的实际应力状态和滑带单元上各节点真实的滑动方向,可以据此计算滑带单元的点安全系数和滑坡的整体安全系数。

2. 滑带单元安全系数的计算

滑带被离散为薄层八节点六面体单元,单元的长边与滑带平行,短边与滑带近于垂直,对八节点六面体单元的节点按 1~8 编号,如图 4-68 所示。设节点坐标为:x_i,y_i,z_i($i = 1$,2,3,…,8)。

易得单元短边中点 $p_{1,4}$、$p_{2,7}$、$p_{3,6}$、$p_{5,8}$ 的坐标值。例如,节点 1 和节点 4 的中点坐标表示为:$p_{1,4}^x$、$p_{1,4}^y$、$p_{1,4}^z$。面 $p_{1,4} p_{2,7} p_{3,6} p_{5,8}$ 构成了六面体单元的最大面积中截面。

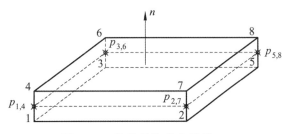

图 4-68　滑带单位节点编号

显然，向量 $\overrightarrow{p_{1,4}p_{2,7}}$ 与向量 $\overrightarrow{p_{1,4}p_{3,6}}$ 的叉积就是单元形心所在点的滑面法向量，其坐标表示式为

$$n = \overrightarrow{p_{1,4}p_{2,7}} \times \overrightarrow{p_{1,4}p_{3,6}} = \begin{vmatrix} i & j & k \\ p_{2,7}^x - p_{1,4}^x & p_{2,7}^y - p_{1,4}^y & p_{2,7}^z - p_{1,4}^z \\ p_{3,6}^x - p_{1,4}^x & p_{3,6}^y - p_{1,4}^y & p_{3,6}^z - p_{1,4}^z \end{vmatrix} \qquad (4\text{-}2)$$

由于滑带材料的抗剪强度较低，计算步 2 中滑带被定义为塑性本构模型时，滑带单元会出现塑性流动，单元节点会产生位移增量。计算 8 个节点的平均位移，就是单元中心的位移，单元中心位移矢量 v 的分量（v_x、v_y、v_z）为

$$\begin{cases} v_x = \dfrac{1}{8}\sum_{i=1}^{8} u_x^i \\ v_y = \dfrac{1}{8}\sum_{i=1}^{8} u_y^i \\ v_z = \dfrac{1}{8}\sum_{i=1}^{8} u_z^i \end{cases} \qquad (4\text{-}3)$$

式中，u_x^i、u_y^i、u_z^i 分别表示 i 节点方向的位移分量。

单元中心位移矢量在面 $p_{1,4}p_{2,7}p_{3,6}$ 上的投影 s 就是单元的滑动方向，即

$$s = (n \times v) \times n \qquad (4\text{-}4)$$

其分量（s_x，s_y，s_z）为

$$\begin{cases} s_x = (n_z v_x - n_x v_z)n_z - (n_x v_y - n_y v_x)n_y \\ s_y = (n_x v_y - n_y v_x)n_x - (n_y v_z - n_z v_y)n_z \\ s_z = (n_y v_z - n_z v_y)n_y - (n_z v_x - n_x v_z)n_x \end{cases} \qquad (4\text{-}5)$$

$\triangle p_{1,4}p_{2,7}p_{3,6}$ 的面积可由 $p_{1,4}$、$p_{2,7}$ 和 $p_{3,6}$ 3 点的坐标计算得到，即

$$S_{\triangle p_{1,4}p_{2,7}p_{3,6}} = \frac{1}{2}\left| \overrightarrow{p_{1,4}p_{2,7}}\,\overrightarrow{p_{1,4}p_{3,6}} \right| \qquad (4\text{-}6)$$

同样，可求得三角形 $\triangle p_{5,8}p_{2,7}p_{3,6}$ 的面积。

$\triangle p_{1,4}p_{2,7}p_{3,6}$ 和 $\triangle p_{5,8}p_{2,7}p_{3,6}$ 的面积之和 S_E 就是单元所代表的滑带面积。

如图 4-69 所示，A 点为单元中心，已知单元的 6 个应力分量 σ_x、σ_y、σ_z、τ_{xy}、τ_{yz}、τ_{zx}，通过 A 点的任意斜截面 BCD 上的正应力分量 p_{nx}、p_{ny}、p_{nz} 与该点的 6 个应力分量的关系为

$$\begin{Bmatrix} p_{nx} \\ p_{ny} \\ p_{nz} \end{Bmatrix} = \begin{bmatrix} \sigma_x & \tau_{yx} & \tau_{zx} \\ \tau_{xy} & \sigma_y & \tau_{zy} \\ \tau_{xz} & \tau_{yz} & \sigma_z \end{bmatrix} \begin{Bmatrix} l \\ m \\ n \end{Bmatrix} \qquad (4\text{-}7)$$

式中，$l = \cos\alpha$，$m = \cos\beta$，$n = \cos\gamma$；α、β、γ 为斜截面 BCD 的外法线 $\vec{N}$ 与坐标轴 x、y、z 的正向的夹角。

据此求得斜截面上的正应力 σ_n 为

$$\sigma_n = p_{nx}l + p_{ny}m + p_{nz}n \tag{4-8}$$

将式（4-2）表示的滑面法向量单位化后，

$$l = \boldsymbol{n}_x, m = \boldsymbol{n}_y, n = \boldsymbol{n}_z \tag{4-9}$$

式中，$\boldsymbol{n}_x, \boldsymbol{n}_y, \boldsymbol{n}_z$ 分别表示向量 $\boldsymbol{n}$ 的单位坐标分量。

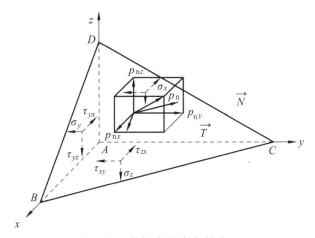

图 4-69　空间点的应力状态

将式（4-9）代入式（4-8），即得单元法向应力（滑面正应力）σ_n。同理，将式（4-5）表示的单元滑动方向向量单位化后，令

$$l = \boldsymbol{s}_x, m = \boldsymbol{s}_y, n = \boldsymbol{s}_z \tag{4-10}$$

式中，$\boldsymbol{s}_x, \boldsymbol{s}_y, \boldsymbol{s}_z$ 分别为向量 $\boldsymbol{s}$ 的单位坐标分量。

将式（4-10）代入式（4-8），即得单元切向应力（滑面滑动方向的剪应力）τ。

数值计算过程中，滑带单元出现剪切塑性屈服，只表明该点在最危险截面上的压应力和垂直该压应力平面上的最大剪应力间满足屈服准则，这一压应力并不一定在该点垂直丁滑面，即使这一压应力在该点垂直于滑面，也不能保证滑面上的最大剪应力与滑动方向一致。因此，滑带上一点出现剪切塑性屈服，并不意味着垂直滑带的正应力和平行滑动方向的剪应力间也满足屈服准则。任何一个滑带单元，都受到相邻滑带单元的约束，其变形需要满足变形协调条件。因此，并不是说，滑带单元全部发生塑性屈服就意味着滑坡整体安全系数小于 1，滑坡一定会失稳。而只有当所有滑带单元中垂直滑带的正应力和平行滑动方向的剪应力间满足屈服条件，滑坡才会整体失稳。这也是数值计算中，滑带单元完全塑性屈服，而计算结果依然能够收敛的原因。

该点在滑动方向的抗剪强度 τ_u 由式（4-11）确定。

$$\tau_u = c + \sigma_n \tan \phi \qquad (4\text{-}11)$$

式中，σ_n 为垂直滑带的正应力（压为正），c、ϕ 分别为滑带材料的黏聚力和内摩擦角。

滑面上该点的点安全系数定义为

$$F_E = \frac{\tau_u}{\tau} = \frac{c + \sigma_n \tan \phi}{\tau} \qquad (4\text{-}12)$$

式中，τ 为滑带上该点滑动方向上的剪应力，由式（4-10）和式（4-8）确定。

滑坡的整体安全系数定义为

$$F_{3d} = \frac{\sum_{i=1}^{n_e} F_E^i S_E^i}{\sum_{i=1}^{n_e} S_E^i} \qquad (4\text{-}13)$$

式中，n_e 为滑带单元总数；F_E^i 为单元 i 的安全系数；S_E^i 为单元 i 所代表的滑带面积。

采用数值方法计算坡体的应力场，只要选用的本构模型合适，就能得到坡体中的真实应力场。基于 M-C 强度准则的理想弹塑性本构模型是岩土体中最适用的一种材料本构模型，用以模拟滑坡的滑带岩土体也是适宜的。因此，通过数值计算，能准确得到滑带单元的真实应力场。采用六面体单元对滑带进行离散，六面体的最大面积中截面为一平面，面上的正应力是该点真实的正应力。在计算过程中，滑带发生塑性变形，单元位移矢量方向代表该点真实的滑动方向，其在最大面积中截面上的投影就是单元发生滑移的真实的剪应力方向。因此，采用 M-C 强度准则定义单元形心点的安全系数也是符合实际的。由于滑带单元应力状态的差异和滑动方向的不同，滑带上不同点的安全系数一般并不一致，其对滑带整体安全系数的贡献与其所代表的滑带面积有关，滑带整体的安全系数通过点安全系数对单元面积的加权平均来评价。通过点安全系数的分析，可以确定滑带不同部位的稳定程度，评价滑坡在三维空间上的滑动机制，这对于有针对性的滑坡整治，无疑具有重要的指导意义。

4.5.3　计算结果

1. TECPLOT 后处理

FLAC3D 等数值计算软件均带有后处理模块，可以方便地输出应力、应变及位移等云图。但这些云图不便于进行数据标识，若打印成黑白图，更不易辨识。因此，可以借助一些后处理软件，导出计算数据，做成等值线图，并可以进一步进行数据分析或者计算自定义系数（如点安全系数），如采用 TECPLOT 软件进行后处理。

利用 FLAC3D 的 FISH 语言，可以编写数据导出命令流。然后再利用 TECPLOT 软件，导入数据进行出图。

在等值线选项中，选择需要显示输出的变量，例如合位移，如图 4-70 所示。然后，在 Zone Style 选项中选择等值线类型，如图 4-71 所示。可选云图或等值线，或两者同时显示。

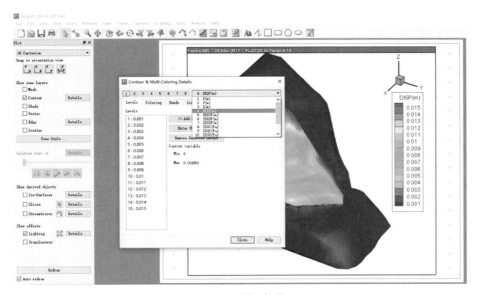

图 4-70　选择变量

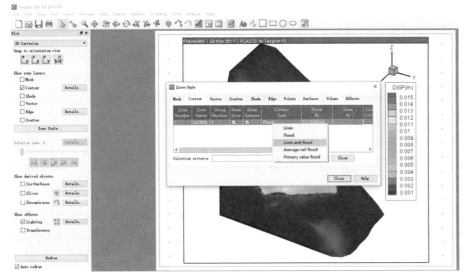

图 4-71　选择等值线类型

在 Contour 的 Detail 中，勾选 Show Labels，调整合适的字体大小，如图 4-72 所示，即可获得含有数值的等值线图。

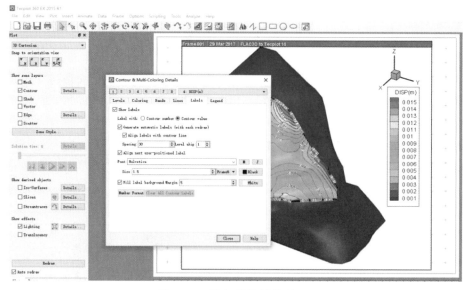

图 4-72　增加等值线数值

2. 开挖后边坡

图 4-73 示出了边坡开挖后的计算成果，包括位移及最大主应力。滑块顶面 f_{yj6} 断层处位移最大，达 15 mm 以上，该区也是拉应力区[图 4-73（b）]。为了进一步观察坡体内部的位移场和应力场，可以进行切片操作，勾选 Slices，单击 Details，选择合适的 Slice location，如图 4-74 所示。然后抽取切片数据，并仅显示切片，如图 4-75 所示。

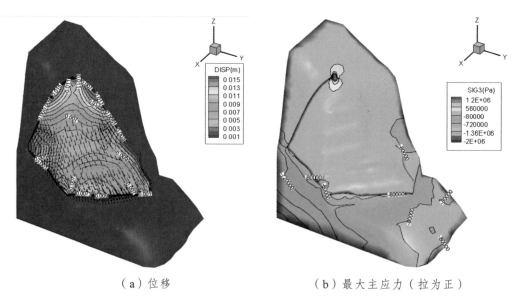

（a）位移　　　　　　　　　　（b）最大主应力（拉为正）

图 4-73　边坡开挖后计算成果

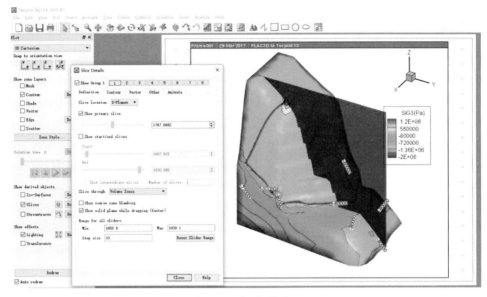

图 4-74　切片操作

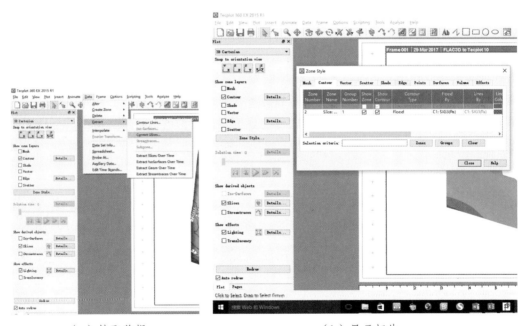

（a）抽取数据　　　　　　　　　（b）显示切片

图 4-75　抽取切片数据

选择合适的视图，即可获得切片上的计算成果，如图 4-76 所示。

可见，若不加支护，块体稳定性不能满足要求，块体有失稳可能，需要进行支护设计。

125

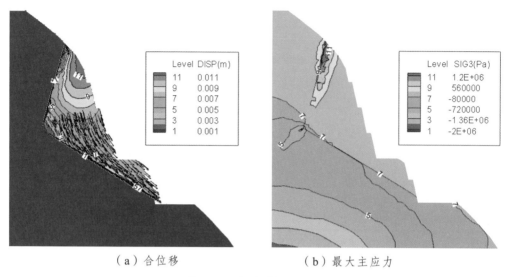

（a）合位移　　　　　　　　　　　（b）最大主应力

图 4-76　切片数据显示

3. 滑面点安全系数

在支护设计中，虽然可以确定主体支护结构是锚索，但锚索的布置方式有待研究。可以从滑面点安全系数分布特征的角度进行分析，点安全系数计算方法见上节。

未支护时滑面点安全系数及其位移矢量计算成果如图 4-77（a）所示，滑块内侧沿线点安全系数较小，局部小于 1，最小值为 0.933，表明这一部位开挖后无支护时可能出现局部失稳。在滑块外侧，特别是靠近下游沟谷处，滑面点安全系数一般大于 1，最大值为 1.396，表明其稳定性状态较好，成为整个滑面的抗滑段。滑面的整体安全系数为 1.223，表明滑块不会整体失稳。

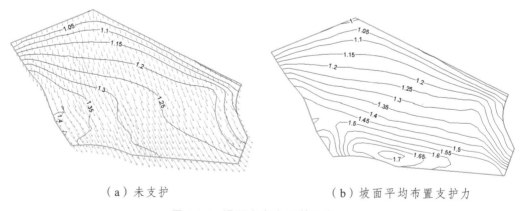

（a）未支护　　　　　　　　　　　（b）坡面平均布置支护力

图 4-77　滑面点安全系数分布

为保证滑块的长期稳定性，需要对滑块进行加固，采用预应力锚索进行加固，锚索的布置有多种方式，例如上部强支护、中部强支护、下部强支护或整个坡面平均布置等，从刚体极限平衡的角度，只要支护力大小和方向一致，在任何位置施加支护力对滑块的稳定性贡献都是一致的，但实际上不同位置的支护力对滑面应力状态的改变是不一致的，对滑面点安全系数的提高也不一致。本文对各种锚索布置方式均进行了计算，从提高滑面点安全系数的角度对各种布置方式进行了评价。结果表明，若支护仅布置在上部两级边坡坡面上，则滑面点安全系数基本没有提高，支护布置在中间两级边坡坡面上，滑面点安全系数有一定提高，支护布置在下部两级边坡坡面上时，滑面点安全系数提高最大。图 4-77（b）展示出了坡面平均布置锚索时滑面点安全系数的分布特征。滑块内侧沿线点安全系数基本没有提高，工程边坡开挖面一侧，点安全系数有极大提高，最大达 1.712，滑面整体安全系数达到 1.316。

第5章　渗流问题

5.1　一般渗流问题

5.1.1　渗流基本理论

1. 达西定律

1856 年，法国工程师 H.Darcy 在解决 Dijon 城的给水问题时，用直立均质的砂柱进行了渗流实验。通过对实验结果的总结，得到了著名的达西线性渗流定律。其数学表达式写成微分形式为

$$v = -\frac{K}{\mu}\left(\frac{\partial p}{\partial z} + \rho g\right) \tag{5-1}$$

若对于倾斜地层，则沿流线 l 方向的渗流速度为

$$v_l = -\frac{K}{\mu}\left(\frac{\partial p}{\partial z} + \rho g \sin\theta\right) \tag{5-2}$$

工程上，有时引用一个折算压力，$\bar{p} = p + \rho g z$，则

$$v = -\frac{K}{\mu}\left(\frac{\partial \bar{p}}{\partial z}\right) \tag{5-3}$$

若只研究水平 x 方向的流动，$\theta = 0$，则

$$v = -\frac{K}{\mu}\left(\frac{\partial \bar{p}}{\partial x}\right) \tag{5-4}$$

式中，v 为渗流速度；K 为渗透率；μ 为黏度；p 为压力；l 为沿地层倾斜方向的长度；ρ 为密度；g 为重力加速度；θ 为地层与水平线的夹角。

达西定律的应用有一些限制。达西定律对于流体速度和密度有其适用范围。达西定律对于非牛顿流体是不适用的。

（1）速度上限

水在粗颗粒土，例如砾石、卵石的孔隙中流动时，水流形态可能发生变化，随着

流速增大，水流呈紊流状态，渗流不再服从达西定律，类似于管道水流，用雷诺数 Re 判断粗粒土中的流态，即

$$Re = \frac{vd_{10}}{\eta}$$ （5-5）

式中，v 为流速；d_{10} 为土的有效粒径；η 为动力黏滞系数。

$Re < 5$ 时，层流区，$v = ki$；

$200 \geqslant Re \geqslant 5$ 时，过渡区，$v = ki^{0.74}$；

$Re > 200$ 时，紊流区，$v = ki^{0.5}$；

也可不计流动形态，用统一公式模拟实验结果，如

$$i = aq + bq^2$$ （5-6）

式中，q 仍为单位面积断面流量；a, b 为试验确定的常数。流态分类如图 5-1 所示。

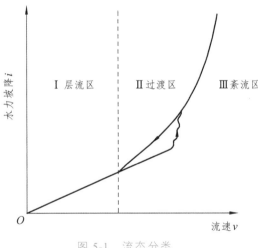

图 5-1　流态分类

（2）速度下限

一般认为达西定律对于黏性土也是基本适用的。可是在较低的水力坡降下，某些黏土的渗透实验表明，v 与 i 之间偏离直线。对于这一现象有不同解释，但是一般认为这是由于黏土颗粒表面与孔隙水间物理化学作用结果，亦即双电层内的结合水与一般流体不同，是半固体状态，有较大黏滞性，不服从牛顿黏滞定律，只有在较大起始坡降下，达到其屈服强度，才开始流动。

达西定律是在单相不可压缩流体的一维流动情形下，通过实验总结出来的。该定律在形式上还可推广到单相流体三维流动。并且，这种形式上的推广得到了理论和实验上的支持。

（3）各向同性介质中单相流体渗流

达西定律在形式上推广到三维流动，其方程应为

$$v = -\frac{K}{\mu}(\nabla p - \rho g) \tag{5-7}$$

式中，g 是重力加速度矢量，方向向下。

对于各向同性介质，渗透率 K 与方向无关，它可以与位置有关或无关。在笛卡尔坐标系中，式5-7可写成分量形式

$$\begin{cases} v_x = -\dfrac{K}{\mu} \cdot \dfrac{\partial p}{\partial x} \\[2mm] v_y = -\dfrac{K}{\mu} \cdot \dfrac{\partial p}{\partial y} \\[2mm] v_z = -\dfrac{K}{\mu}\left(\dfrac{\partial p}{\partial z} + \rho g\right) \end{cases} \tag{5-8}$$

对于均匀介质，式中 K 为常数；对于非均匀介质，式中 $K = K(x, y, z)$，式（5-7）和式（5-8）都成立。

（4）各向异性介质中单相流体渗流

为了方便起见，将坐标轴方向取得与介质中某点渗透率张量的主方向一致，则该点渗透率张量具有对角线形式

$$\boldsymbol{K}_{ij} = \begin{bmatrix} K_x & 0 & 0 \\ 0 & K_y & 0 \\ 0 & 0 & K_z \end{bmatrix} \tag{5-9}$$

用这种形式表示的张量称为对角线张量。在这种情况下，达西定律的推广形式可写成

$$\begin{cases} v_x = -\dfrac{K_x}{\mu} \cdot \dfrac{\partial p}{\partial x} \\[2mm] v_y = -\dfrac{K_y}{\mu} \cdot \dfrac{\partial p}{\partial y} \\[2mm] v_z = -\dfrac{K_z}{\mu}\left(\dfrac{\partial p}{\partial z} + \rho g\right) \end{cases} \tag{5-10}$$

2. 连续性方程

流体在多孔介质中流动，遵循质量守恒定律。此质量守恒满足的微分方程即为连续性方程。

微分形式的连续性方程为

$$\nabla \cdot (\rho \boldsymbol{v}) + \frac{\partial(\rho\phi)}{\partial t} = \rho q \tag{5-11}$$

上式右端源（汇）的强度 q 对源取正值，对汇取负值。若对于多孔介质不变形的情形，孔隙度 ϕ 恒定，则 ϕ 可从偏导数中提取出来。

对于无源非稳态渗流，连续方程简化为

$$\nabla \cdot (\rho \boldsymbol{v}) + \frac{\partial(\rho \phi)}{\partial t} = 0 \tag{5-12}$$

对于有源稳态渗流，连续性方程简化为

$$\nabla \cdot (\rho \boldsymbol{v}) = \rho q \tag{5-13}$$

对于有缘稳态渗流且流体不可压缩，即 ρ 为常数，则连续性方程可化简为

$$\nabla \cdot \boldsymbol{v} = q \tag{5-14}$$

对于无源稳态渗流，连续性方程简化为

$$\nabla \cdot \rho \boldsymbol{v} = 0 \tag{5-15}$$

对于无源稳态不可压缩渗流，连续性方程简化为

$$\nabla \cdot \boldsymbol{v} = 0 \tag{5-16}$$

3. 渗流偏微分方程及其定解条件

对于稳定渗流，将达西定律（5-10）代入连续性方程（5-16）可得到稳定渗流的微分方程式

$$\frac{\partial}{\partial x}\left(\frac{K_x}{\mu} \cdot \frac{\partial p}{\partial x}\right) + \frac{\partial}{\partial y}\left(\frac{K_y}{\mu} \cdot \frac{\partial p}{\partial y}\right) + \frac{\partial}{\partial z}\left(\frac{K_z}{\mu} \cdot \frac{\partial p}{\partial z}\right) = 0 \tag{5-17}$$

当各向渗透性为常数时，上式为

$$\frac{K_x}{\mu}\frac{\partial^2 p}{\partial x^2} + \frac{K_y}{\mu}\frac{\partial^2 p}{\partial y^2} + \frac{K_z}{\mu}\frac{\partial^2 p}{\partial z^2} = 0 \tag{5-18}$$

若为各向同性，$K_x = K_y = K_z$ 时，则变为拉普拉斯方程式

$$\frac{\partial^2 p}{\partial x^2} + \frac{\partial^2 p}{\partial y^2} + \frac{\partial^2 p}{\partial z^2} = 0 \tag{5-19}$$

上式只包含一个未知数，结合边界条件就有定解。虽然该式是稳定渗流的微分方程，但对于不可压缩介质和非稳定的流体，也可进行瞬时稳定场的计算。

有时研究井的渗流问题时，常用柱面坐标，此时的流速分量为

$$\begin{cases} v_r = -\dfrac{K}{\mu} \cdot \dfrac{\partial p}{\partial r} \\[2mm] v_\theta = -\dfrac{K}{\mu} \cdot \dfrac{\partial p}{r\partial \theta} \\[2mm] v_z = -\dfrac{K}{\mu}\left(\dfrac{\partial p}{\partial z} + \rho g\right) \end{cases} \tag{5-20}$$

131

拉普拉斯方程为

$$\nabla^2 p = \frac{1}{r}\frac{\partial}{\partial r}\left(r\frac{\partial p}{\partial r}\right) + \frac{\partial^2 p}{r^2\partial\theta^2} + \frac{\partial^2 p}{\partial z^2} = 0 \tag{5-21}$$

如前所述，给出一个方程，只能描写物质运动的一般规律。我们把描写一个物理过程的方程叫作泛定方程。若对一个泛定方程，给出初始条件和边界条件，就能完全确定具体的运动状态，则这样的条件叫定解条件。泛定方程加上适当的定解条件，所构成的数学物理问题叫定解问题。在渗流力学中，给出的方程与相应的定解条件是对客观实在的物理过程的数学描述，故通常叫作渗流数学模型。

对于非稳定渗流，求解偏微分方程应给出初始条件，即

$$p(x,y,z,t)\big|_{t=0} = f_0(x,y,z) \tag{5-22}$$

式中，$f_0(x,y,z)$ 为已知函数。

至于边界条件，有以下几种：

（1）第一类边界条件

在边界上给定压力的边界条件

$$p(x,y,z,t)\big|_\Gamma = f_0(x,y,z,t) \tag{5-23}$$

式中，$f_0(x,y,z,t)$ 为已知函数，Γ 为边界。

只出现这类边界的问题称为狄利克雷（Dirichlet）问题。

对具有启动压力梯度的液体低速非线性渗流，在活动边界 Γ 处，有

$$p(x,y,z,t)\big|_\Gamma = c \tag{5-24}$$

式中，c 为已知常数。

（2）第二类边界条件

在边界上给定压力导数或流量的条件，即

$$\left|\frac{\partial p}{\partial n}\right|_\Gamma = f_0(x,y,z,t) \tag{5-25}$$

式中，n 为边界面法线方向。

只出现这类边界的问题称为诺依曼（Neumann）问题。

对具有启动压力梯度的液体低速非线性渗流，在活动边界 Γ 处有

$$\left|\frac{\partial p}{\partial n}\right|_\Gamma = G \tag{5-26}$$

式中，G 为启动压力梯度。

（3）第三类边界条件

在边界上给定压力及其导数的线性组合的条件，即

$$\left.\left|\left(\frac{\partial p}{\partial n}+hp\right)\right|\right|_{\Gamma}=f_0(x,y,z,t) \tag{5-27}$$

出现这类边界的问题称为罗宾（Robin）问题。

5.1.2 ABAQUS 中的渗流计算功能

渗流问题在水工结构（如石坝）的设计中具有十分重要的地位，其将极大地影响构筑物的安全与造价。在目前的分析方法中，由于有限元方法能有效地处理复杂的边界条件、材料的非均匀性、材料的各向异性，并能方便地求解三维问题，其在工程设计中被广泛使用。传统的渗流有限元求解方法的难点是自由面（浸润面）的位置确定，即渗流区域是未知的，需迭代求解。例如变网格迭代法是确定浸润面的一种传统方法，这种方法很直观，但是在每次迭代中都要确定自由面的位置，并根据自由面的位置进行渗流网格的调整，这样不但需要重新形成和分解总体传导矩阵，耗费大量的计算时间，而且在自由面附近的单元可能出现畸形，使得求解失真。近年来许多学者采用固定网格法的研究，取得了一定的进展。另一方面，很多商业有限元软件中包含了温度求解模块，和渗透问题的实质是一样的，一些学者用温度求解模块来求解渗透问题。但是对于浸润面与下游边坡的交点（即逸出点）高于下游水位的情况，处理起来要困难一些。在 ABAQUS/Standard 中按照非饱和土力学理论，将整个区域作为分析区域并基于固定网格求解，浸润面取为孔隙水压力为零处，求解具有很大的方便性和较好的精度。

渗流计算包括分析类型、增量步时间步长选择、单元选择、材料模型、荷载和边界条件、初始条件设置、输出变量等内容。

1. 渗流问题的边界条件

（1）土坝渗流的典型边界条件

为了方便说明，图 5-2 给出土坝渗流的典型边界条件具体为：

S_1 为已知水头边界条件，即总水头 $\phi_1=H_1$。对于已知总水头边界条件，ABAQUS/Standard 中指定边界上的孔隙水压力即可，即 $u_{\text{w}}=(H_1-z)\gamma_{\text{w}}$。

S_2 为已知总水头边界条件，即总水头 $\phi_2=H_2$。ABAQUS/Standard 中指定 $u_{\text{w}}=(H_2-z)\gamma_{\text{w}}$。

S_3 为不透水边界条件，即通过该边界的流量为零。由于 ABAQUS/Standard 默认所有边界条件是不透水的，因此分析中无须额外设置。

S_4 为浸润面，其位置是未知的。该边界上孔压 u_{w} 为零，即总水头等于位置水头 z。在传统的渗流分析中，将该面也看成不透水边界，及渗流只在饱和区内发生，浸润面是最上方的流线，但在非饱和渗流分析中，无须如此设置。需要指出，在非饱和渗流中，材料的渗透性能设置会有特别的考虑。

S_5 自由渗出段边界，孔压为零，且渗流只能沿着下游坡面。ABAQUS/Standard 提供了针对孔隙流体的特殊边界条件，可以满足这一要求。

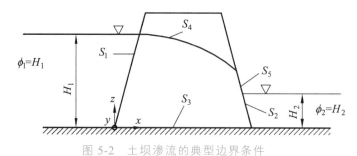

图 5-2　土坝渗流的典型边界条件

（2）ABAQUS/Standard 提供的特殊渗流边界条件功能

ABAQUS 除了可以直接定义边界上的孔压和渗流速度外，还提供以下功能。

① 定义与孔压相关的孔隙流动

在计算中，可以将孔隙流体的流速与孔压关联起来，即

$$v_n = k_s(u_w - u_w^\infty)\qquad(5\text{-}28)$$

式中，v_n 是边界法线方向的流速；k_s 是渗流系数；u_w 是边界上的孔隙水压力；u_w^∞ 是参考孔压。

该类边界条件可以结合单元的面或几何表面设置。对于单元面的情况需在 inp 文件中添加如下语句：

> *Flow
> 单元号或单元集合，Q_n，u_w^∞，k_s；

其中，Q_n 是关键词，表示定义的边界类型。对于几何表面的情况，相应的语句为：

> *Sflow
> 面的名称，Q_n，u_w^∞，k_s

提示：该边界条件不能通过 ABAQUS/CAE 设置。

② 定义自由渗出段边界

该种边界条件只允许孔隙水从分析区域渗出，而不允许水流进入。如图 5-3 所示，在 ABAQUS 中，drainage-only flow 边界条件为：假设当边界面上的孔压为正时，孔隙流体的流速与孔压成正比；当孔压为负值（吸力）时，流速限定为零，即流体不会进入到分析区域内部。即

$$\begin{cases} v_n = k_s u_w & (u_w > 0) \\ v_n = 0 & (u_w \leqslant 0) \end{cases}\qquad(5\text{-}29)$$

当渗流系数 k_s 取一相对较大值时，这样定义的边界条件可以近似地限定边界上的孔压等于零，这特别适用于浸润面与下游边坡的交点高于下游水位的情况。ABAQUS/Standard 中建议这种情况的 k_s 应按如下标准确定，即

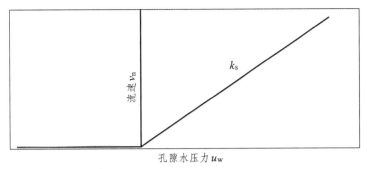

图 5-3　自由渗出段边界中流速与孔压的关系

$$k_s \gg k / \gamma_w c \tag{5-30}$$

式中，k 是材料的渗透系数，γ_w 是水的容重，c 是单元的典型长度。一般取 $k_s = 10^5 k / \gamma_w c$ 即可。该类边界条件无法在 ABAQUS/CAE 中定义，需在 inp 文件中添加如下语句：

> *Flow　　；基于单元面的定义语句
> 单元号或单元集合，$Q_n D, k_s$；关键词 $Q_n D$ 表示定义的渗出段边界条件。
> *Sflow；基于几何表面的定义语句
> 面的名称，QD, k_s

（3）直接定义渗流速度

在 ABAQUS/Standard 中可以直接给出面或节点上的渗流速度。

① 指定面上的法向渗流速度 v_n

该种功能同样可以在单元面上或几何表面进行，只需在 inp 中添加如下语句：

> *Dflow；基于单元面的定义语句
> 单元号或单元集合 S_n，v_n，S_n 中的 n 指定是单元的哪个面。
> *Bsflow；基于几何表面的定义语句
> 单元号或单元集合，S，v_n

该类边界条件可以在 CAE 中定义，在 LOAD 模块中，执行【LOAD】/【Creat】命令，在 Creat load 话框中将 Category 选项设为 Fluid，在 Types for selected step 中选择 Surface pore fluid，单击【Continue】按钮继续，按照提示区提示，在屏幕上选择施加载荷的区域，单击提示区的【Done】按钮后弹出 Edit load 对话框，在 Magnitude 输入框中可直接给出 v_n 的大小。

（4）定义点上的渗流速度

相应的语句为：

> *CFLOW
> 节点号或节点集合名称，空值，速度

该类边界条件也可在 CAE 中定义，具体步骤和定义表面流速是一致的，只不过在 Creat load 对话框中将 Type for selected step 选为 Concentrated pore fluid 即可。

2. 材料模型

（1）饱和度对渗透性能的影响

在 ABAQUS 内部是以一个折减系数 k_s 来考虑饱和度对渗透系数的影响。若出现非饱和渗流，ABAQUS/Standard 默认当饱和度 $S_r < 1$ 时，$k_s = (S_r)^3$；当 $S_r \geqslant 1$ 时，$k_s = 1$ 时。计算中渗透系数 k 按照饱和度的不同修正为 $k_s \cdot k$。该功能在 inp 文件中的语句如下：

*Permeability，type = saturation

k_s, S_r；折减系数、对应的饱和度，通常需要重复该数据行，达到折减系数随饱和度的变化。

该功能也可以在 CAE 中实现，在材料 Property 模块中，执行【Material】/【Creat】或【Edit】命令，在 Edit Material 对话框中选择【Other】/【Pore Fluid】/【Permeability】，在二级选项 Suboptions 中可定义渗透系数随饱和度的变化（Saturation Dependence Type）。

（2）饱和度与基质吸力之间的关系

在土体这种孔隙材料中，土体非饱和意味着总孔隙水压力 $u_w < 0$ 时，$-u_w$ 反映了材料的毛细吸力（基质吸力）。考虑到土体可能出现吸湿和脱水特性，则在某一个基质吸力作用下，土体的饱和度应处于一个范围之内，如图 5-4 所示。

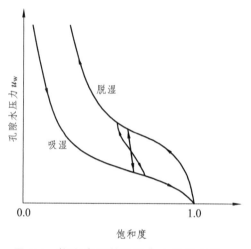

图 5-4　饱和度和基质吸力之间的关系

当利用 ABAQUS 分析非饱和土问题时，必须分别指定图 5-4 中的吸湿曲线（absortion）和脱水曲线（exsorption）以及在两者之间的变化规律（scanning behavior）。否则，不论 u_w 是多少，ABAQUS 都会将土体视为完全饱和的，达不到非饱和渗流分析的目的。

在 inp 输入文件中，ABAQUS/Standard 饱和度与基质吸力之间的关系是通过 *Sorption 关键字来定义的。

在定义吸湿和脱水曲线时，除了可直接给出表格数据点外，ABAQUS 还提供了按照理论公式定义的方法，这些公式和非饱和土土力学中的经验公式是相近的，见式（5-31）、（5-32）以及图 5-5。此时，只需给出几个控制参数即可。

$$u_{\mathrm{w}} = \frac{1}{B} \ln \left[\frac{S_{\mathrm{r}} - S_{\mathrm{r0}}}{(1 - S_{\mathrm{r0}}) + A(1 - S_{\mathrm{r}})} \right], S_{\mathrm{r1}} < S_{\mathrm{r}} < 1 \qquad （5-31）$$

$$u_{\mathrm{w}} = u_{\mathrm{w}} \left|_{S_{\mathrm{e1}}} - \frac{du_{\mathrm{w}}}{dS_{\mathrm{r}}} \right|_{S_{\mathrm{r1}}} (S_{\mathrm{r1}} - S_{\mathrm{r}}), S_{\mathrm{r0}} < S_{\mathrm{r}} < S_{\mathrm{r1}} \qquad （5-32）$$

式中，A、B 是土体参数，由试验确定；S_{r0} 和 S_{r1} 的含义如图 5-5 所示。

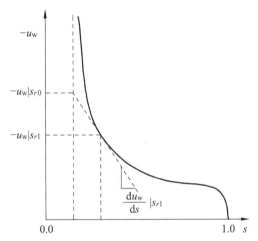

图 5-5　吸湿和脱水曲线的理论曲线

相应的定义语句为：

*sorption，type = absorption，law = log；law = log 指定按公式定义。

A，B，$S_{\mathrm{r0}}, S_{\mathrm{r1}}$；$0.01 \leqslant S_{\mathrm{r0}} < S_{\mathrm{r1}} < 0.9$，$S_{\mathrm{r0}}$ 的默认值是 0.01，S_{r1} 的默认值为一稍大于 0.01 的数。

*sorption，type = exsorption，law = log；law = log 指定按公式定义。

A，B，$S_{\mathrm{r0}}, S_{\mathrm{r1}}$；$0.01 \leqslant S_{\mathrm{r0}} < S_{\mathrm{r1}} < 0.9$，$S_{\mathrm{r0}}$ 的默认值是 0.01，S_{r1} 的默认值为一稍大于 0.01 的数。

上述定义也可在 CAE 中完成，在 Property 模块中，调出 Edit Material 对话框，选择【Other】/【Pore Fluid】/【Sorption】，在 Absortion 或 Exsorption 选项卡中可定义相关的数据。各标签栏中的 Law 下拉列表可控制是按表格输入还是按理论公式定义。若在 Exsorption 选项卡中勾选【Include exsorption】和【Include scanning】复选框，则可定义 SCANNING 线的斜率。

注意：在 ABAQUS/Standard 中，基质吸力与饱和度相关，而饱和度又决定了渗透系数。而在一些非饱和土土力学的相关文献中，渗透系数被直接表达成了基质吸力的函数。这两种做法本质并无差别，只不过在分析过程需考虑参数转化的问题。

5.1.3 二维均质土坝的稳定渗流分析

1. 问题描述

这里选择 Lam（1984）应用饱和-非饱和有限元渗流分析求解的一个坝体渗流的问题，该例子已被很多研究学者作为检验非饱和渗流分析方法的一个经典课题。如图 5-6 所示，一均质土坝的高度为 12.0 m，坝顶长度 4.0 m，上下游坡比均为 1∶2，坝底长度为 52.0 m。下游坡脚向上游 12.0 m 范围内为水平排水滤层。上游水位高出基准面 10.0 m，下游水位与基准面齐平。土体饱和渗透系数为 1.0×10^{-7} m/s，渗透函数（渗透系数与基质吸力之间的关系）如图 5-7 所示。

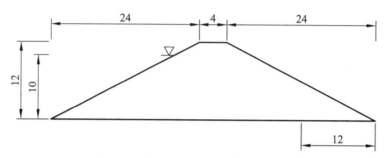

图 5-6 模型示意图（单位：m）

2. 模型建立及求解

（1）建立部件。在 Part 模块中执行【Part】/【Creat】命令，按照模型尺寸建立一个名为 dam 的 part。执行【Tools】/【Partition】命令，Type 选择 Edge，将上游边坡在上游水位位置断开，将坝底在底面水平排水滤层起点位置断开。执行【Tools】/【Set】/【Creat】命令，将所有区域建立名为 dam 的集合。执行【Tools】/【Surface】/【Creat】命令，将上游水位以下的边坡建立名为 Fup 的面，将大坝底部的水平排水层建立名为 Fbot 的面，将下游边坡建立名为 Fdown 的面。

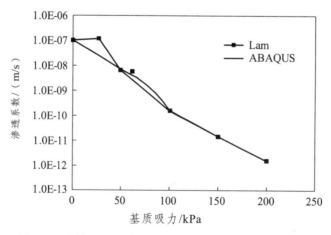

图 5-7 计算采用的渗透系数与基质吸力之间的关系

（2）设置材料及截面特性。在 Property 模块中，执行【Material】/【Creat】命令，建立名称为 soil 的材料，选择线弹性模型，弹性模量取为 10 MPa，泊松比取为 0.3，密度取为 2.0，由于本例中会约束所有节点的位移自由度，力学模型的具体参数并无影响。在【Other】/【PoreFluid】/【Permeability】选项中定义饱和时的渗透系数为 1.0×10^{-7} m/s。在【Other】/【PoreFluid】/【Sorption】选项中仅定义吸湿曲线。相应的数据如表 5-1 所示。

表 5-1　孔压和饱和度数据

孔压/kPa	饱和度
−200	0.021 544
−150	0.046 416
−100	0.1
−50	0.416 869
−20	0.99
0	1

ABAQUS/Standard 默认当饱和度 $S_r < 1.0$ 时，$k_s = (S_r)^3$；当 $S_r \geqslant 1.0$ 时，$k_s = 1.0$。按照以上的数据，ABAQUS 采用的渗透系数随吸力的关系也绘制于图 5-7 中。当然，用户可以调整数据使得 ABAQUS 采用的值和 Lam 分析中采用的数值更加接近。

执行【Section】/【Creat】命令，基于定义的材料 soil 设置名称为 soil 的截面 sectiom，并执行【Assign】/【Section】命令赋给相应的区域。

（3）装配部件。在 Assembly 模块中，执行【Instance】/【Creat】命令，建立相应的 Instance。

（4）定义分析步。在 Step 模块中名为 step-1 的 soils 类型分析步，时间总长为 10。选择稳态分析类型，在 Edit Step 对话框的 Incrementation 选项卡中将初始增步长取为 1，其余选项均取默认值。执行【Output】【Field Output Requests】/【Edit】命令，增加 Porous media/Fluids 中的 SAT（饱和度）、FLVEL（渗流速度）和 RVF（渗流量）作为输出变量。

（5）定义载荷、边界条件。在 Load 模块中，执行【Load】/【Creat】命令，对坝施加重力载荷 – 10。执行【BC】/【Creat】命令，将所有区域的位移自由度都约束住。

除位移约束条件外，在上游边界应指定随高程线性变化的孔压以满足已知水头的条件，这里通过创建空间的分布进行。执行【BC】/【Creat】命令，在 Creat Boundary Conditions 对话框中将 Step 下拉列表中选择 Step-1，在 Category 中选中 Other 选项，选择 Type for selected step 为 Pore pressure，单击【Continue】后进入图形截面，在屏幕上选择上游边界（即面 Fup）后，单击【Done】按钮弹出 Edit Boundary Conditions 对话框。在 Edit Boundary Conditions 对话框中单击【Distribution】下拉列表右侧的 Creat 按钮，弹出 Creat Expression Field 对话框。如图 5-8 所示，设置分布的名称为

pore，输入空间分布的计算公式：10*（10-Y）。返回 Edit Boundary Conditions 窗口，将 Distribution 下拉列表选为 pore，大小设置为 1 .0。

注意：空间分布计算公式中的坐标 Y 需大写。空间分布也可先通过执行【Tools】/【Analytical】/【Creat】命令定义。

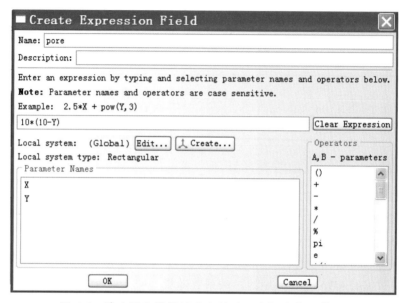

图 5-8　建立沿高程线性分布的孔压空间分布函数

除上游的孔压边界条件外，在底部的水平排水层部分是一个排水边界，坝体的下游坡面也可能是排水边界，通过 ABAQUS 中的 Drainage only 边界条件来控制。执行【Model】/【Edit Keywords】命令，在设置边界条件的选项块中添加如下语句：

```
*SFLOW
Dam-1.Fbot,QD,0.1
Dam-1.Fdown,QD,0.1
```

这里将 k_s 取为 0.1，从而保证 $k_s \gg k/\gamma_w c$ 。

（6）划分网格。在 Mesh 模块中将环境栏中的 object 选项选为 part，意味着网格划分是在 part 的层面上进行的。执行【Mesh】/【Element Type】命令，对坝体选择单元 CPE4P，网格如图 5-9 所示。

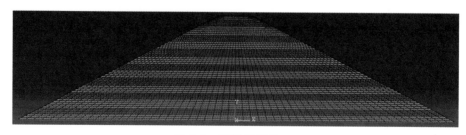

图 5-9　有限元网格

（7）修改模型输入文件，建立初始条件。执行【Modol】/【Edit Keywords】命令。在第一个 step 之前添加初始孔隙比和初始饱和度的语句：

```
*initial conditions,type=ratio
dam-1.dam，1.0
*initial conditions,type=saturation
dam-1.dam，1.0
```

注意：这里将坝体的饱和度设为 1.0 只是为了提供一个迭代的初始条件而已，ABAQUS/Standard 会根据载荷、边界条件和吸湿曲线等材料参数得到与实际情况吻合的饱和度。

（8）提交任务，进入 Job 模块。执行【Job】/【Creat】命令，建立名为 ex9-1-1 的任务。执行【Job】/【Submit】/【ex9-1-1】命令，提交计算。

3．结果分析

进入 Visualization 后处理模块，打开相应的计算结果数据库文件。执行【Result】/【Field Output】命令，绘出最终的孔压移等值线云图，如图 5-10 所示。

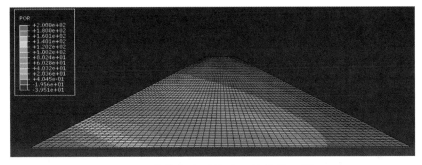

图 5-10　计算终止时的孔压等值线云图

由图 5-10 可见，坝的右上角存在负孔压，意味着该区域是非饱和的，坝体中同时存在着饱和渗流和非饱和渗流，执行【Option】/【Contour】命令，弹出 Contour Plot Options，切换到 Limits 选项卡，将等值线云图显示最小值 Min 设为零，如图 5-11 所示。此处孔压为零的面即是浸润面（线）。

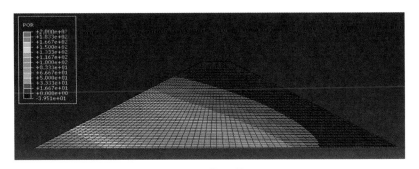

图 5-11　浸润面位置

图 5-12 给出了网格积分点流速矢量图，图 5-13 给出了饱和度的等值线图。对比流速矢量图、饱和度分布图和浸润线的位置可以发现，在饱和-非饱和渗流中，水是可以通过浸润线，即水可以通过浸润线流入非饱和区。例如在靠近坝的上游面处，水流跨越浸润线由饱和区流入非饱和区，并且在非饱和区内继续流动。这些都表明浸润线并不像常规渗流分析技术中假设的那样是最上部的流线。基于饱和非饱和渗流分析的浸润线位置与常规渗流分析中所得到的自由面间的区别会随着非饱和渗透函数变陡而趋于减小。渗透函数越陡意味着基质吸力略有增加就使得渗透系数显著降低，进而流入非饱和区的水量将明显减少，这接近于常规分析中所认为的渗流只在自由面以下发生的假设。

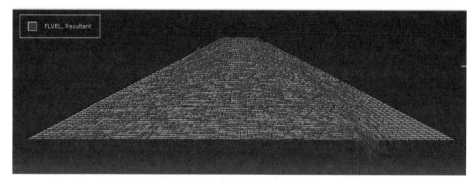

图 5-12　网格积分点流速矢量图

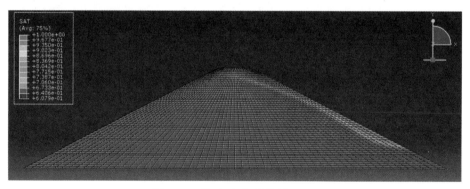

图 5-13　饱和度的等值线图

5.2　流固耦合分析

5.2.1　流固耦合问题基本理论

1. 有效应力原理

土的抗剪强度中摩擦力是由作用在颗粒上的法向应力决定的。根据有效应力原

142

理，作用在饱和土体上的总应力由土中的两种介质承担，一是孔隙水中的孔隙水压力，另一种是土颗粒形成的骨架上的有效应力。土的抗剪强度是由有效应力决定的。

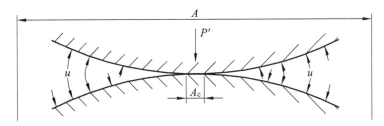

图 5-14　饱和土中荷载和力的传递情况

图 5-14 表示的是饱和土中荷载和力的传递情况。作用在面积 A 上的总的垂直荷载是 P，它由土中的颗粒间接触压力 P' 和静水压力 $(A-A_c)u$ 共同承担，即

$$P = P' + (A - A_c)u \qquad (5\text{-}33)$$

式中，A_c 为颗粒间接触面积。

上式两侧分别除以总面积 A 得

$$\frac{P}{A} = \frac{P'}{A} + \frac{A - A_c}{A}u \qquad (5\text{-}34)$$

又可表示为

$$\sigma = \sigma' + (1 - \alpha)u \qquad (5\text{-}35)$$

式中，α 为颗粒间接触面积与总面积之比，即 $\alpha = \dfrac{A_c}{A}$。

由于颗粒间的接触可近似为点接触，故 α 近似为 0，则上式可近似表示为

$$\sigma = \sigma' + u \qquad (5\text{-}36)$$

这就是最早的太沙基所提出的饱和土体有效应力原理的一种数学表达式。从式（5-36）可见所谓的有效应力 σ' 实际上是一个虚拟的物理量。首先它并不是土颗粒间的接触应力，从图 5-14 可见实际的接触应力可能非常大，并且各接触点的接触应力方向和大小各不相同，有效应力 σ' 只是土体单位面积上的所有颗粒间接触力的垂直分量之和，它是很有用的概念。颗粒间接触应力用有效应力来表示，对于砂土和砾石是比较清楚的。对于黏土矿物，由于它们是片状的和为结合水膜所包围，所谓的粒间接触应力及孔隙水压力都很难分清和解释。但是许多试验和分析都表明，式（5-36）这一简单表达式对于砂土和黏土都是适用的。有效应力原理对于土力学理论和工程实际问题都是非常重要和有用的概念。但是对于非饱和土，式（5-36）不再适用。目前，对于非饱和土的简便实用的有效应力原理的公式尚有待探讨。另外，有一些孔隙介质，它们的固体不是成颗粒状存在，而是连续的，这样无法取一个截面而不切割固体本身，式（5-35）中的 α 不能忽略。因此式（5-36）的简单形式一般不能直接用于如混凝土、

岩石和轻质泡沫等材料，除非是存在着连通裂隙的强风化破碎岩体。

由于土的抗剪强度是由有效应力决定的，而在许多情况下，我们所能量测和计算的只有总荷载 P 或总应力 $h = \dfrac{p}{\rho g}$，这样在分析有关土的强度问题时，就不可避免地涉及总应力强度和有效应力强度，或者说是土的排水与不排水强度。

2. 比奥固结方程

土体压缩取决于有效应力的变化。根据有效应力原理，在外载荷不变的情况下，随着土中超静水孔压的消散，有效应力将增加，土体将不断被压缩，直至达到稳定，这一过程称为固结。

在土体单向受压、孔隙水单向渗流的条件下，发生的固结称为单向固结。早在 1925 年，太沙基即建立了饱和土单向固结微分方程，并获得了一定起始条件与边界条件时的数学解，迄今仍被广泛应用。

单向固结实际上仅是特定条件下的情况，实际情况一般是三向固结。建立三向固结理论要考虑土体在三个方向的排水和变形。解决三向固结问题现有两种方法。

一种是太沙基-伦杜立可（Rendulic）理论，它是太沙基理论的延伸。该理论推导时，假设固结过程中土体内的正应力之和（总应力）保持不变，忽视了实际存在的应力和应变的耦合作用，因而常称它为准三向固结理论。因其与物体热传导方程形式类似，故又称为扩散方程。

另一种是比奥（Biot）理论，它直接从弹性理论出发，满足土体的平衡条件、弹性应力-应变关系和变形协调条件，此外还考虑了水流连续条件。它在理论上较准三向理论严格，但求解较复杂。推导中采用了弹性应力-应变关系指标。由于在实际固结过程中，弹性指标不断变化，故应力将发生重分布，同时总应力需要调整以满足应力和应变的相容条件，故固结过程中，虽然外荷载保持不变，土体中的主应力之和却不断变化。可见解比奥方程，涉及应力重分布。因其求解复杂，目前能获得精确解只有少数几种情况，比奥理论多用于有限元法的计算中。

比奥固结理论常被认为是真三向固结理论。假设有一均质、各向同性的饱和土单元体 dxdydz，受外力作用，首先应满足平衡方程。以土骨架为隔离体，则其平衡方程为

$$\begin{cases} \dfrac{\partial \sigma_x}{\partial x} + \dfrac{\partial \tau_{yx}}{\partial x} + \dfrac{\partial \tau_{zx}}{\partial z} = 0 \\[2mm] \dfrac{\partial \tau_{xy}}{\partial x} + \dfrac{\partial \sigma_y}{\partial y} + \dfrac{\partial \tau_{zy}}{\partial z} = 0 \\[2mm] \dfrac{\partial \tau_{xz}}{\partial x} + \dfrac{\partial \sigma_{yz}}{\partial y} + \dfrac{\partial \sigma_z}{\partial z} + \gamma_{\text{sat}} = 0 \end{cases} \tag{5-37}$$

如果以土骨架为隔离体，以有效应力表示平衡条件，根据有效应力原理，则有

$$\sigma' = \sigma - p_{\text{w}} \tag{5-38}$$

式中，p_w 为该点水压力，$p_w = (z_0 - z)\gamma_w + u$，$u$ 为超静水压力，$(z_0 - z)\gamma_w$ 表示该点的静水压力。

式（5-37）还可表示为

$$
\begin{cases}
\dfrac{\partial \sigma'_x}{\partial x} + \dfrac{\partial \tau_{yx}}{\partial x} + \dfrac{\partial \tau_{zx}}{\partial z} + \dfrac{\partial u}{\partial x} = 0 \\[2mm]
\dfrac{\partial \tau_{xy}}{\partial x} + \dfrac{\partial \sigma'_y}{\partial y} + \dfrac{\partial \tau_{zy}}{\partial z} + \dfrac{\partial u}{\partial y} = 0 \\[2mm]
\dfrac{\partial \tau_{xz}}{\partial x} + \dfrac{\partial \tau_{yz}}{\partial y} + \dfrac{\partial \sigma'_z}{\partial z} + \dfrac{\partial u}{\partial z} = -\gamma'
\end{cases}
\tag{5-39}
$$

式中，$\dfrac{\partial u}{\partial x}, \dfrac{\partial u}{\partial y}, \dfrac{\partial u}{\partial z}$ 实际上为作用在骨架上的渗透力在三个方向上的分量，与 γ' 一样为体积力。

考虑变形的几何条件，设土骨架在 x, y, z 方向上的位移为 u^s, v^s, w^s，其六个应变分量应为

$$
\begin{cases}
\varepsilon_x = -\dfrac{\partial u^s}{\partial x}, \varepsilon_y = -\dfrac{\partial v^s}{\partial y}, \varepsilon_z = -\dfrac{\partial w^s}{\partial z} \\[2mm]
\gamma_x = -\left(\dfrac{\partial w^s}{\partial y} + \dfrac{\partial v^s}{\partial z} \right) \\[2mm]
\gamma_y = -\left(\dfrac{\partial u^s}{\partial z} + \dfrac{\partial w^s}{\partial x} \right) \\[2mm]
\gamma_z = -\left(\dfrac{\partial v^s}{\partial x} + \dfrac{\partial u^s}{\partial y} \right)
\end{cases}
\tag{5-40}
$$

式中，$\varepsilon_x, \varepsilon_y, \varepsilon_z$ 为 x, y, z 方向的正应变；$\gamma_x, \gamma_y, \gamma_z$ 为 yz, xz, xy 平面内的剪应变。

在材料为均质弹性体的假设下，应变分量可表示为应力分量的函数，即

$$
\begin{cases}
\varepsilon_x = \dfrac{1}{E'}[\sigma'_x - v'(\sigma'_y + \sigma'_z)] \\[2mm]
\varepsilon_y = \dfrac{1}{E'}[\sigma'_y - v'(\sigma'_x + \sigma'_z)] \\[2mm]
\varepsilon_z = \dfrac{1}{E'}[\sigma'_z - v'(\sigma'_x + \sigma'_y)] \\[2mm]
\gamma_x = \dfrac{\tau_{yz}}{G'} = \dfrac{\tau_{yz} \cdot 2(1 + v')}{E'} \\[2mm]
\gamma_y = \dfrac{\tau_{xz}}{G'} = \dfrac{\tau_{xz} \cdot 2(1 + v')}{E'} \\[2mm]
\gamma_z = \dfrac{\tau_{xz}}{G'} = \dfrac{\tau_{xz} \cdot 2(1 + v')}{E'}
\end{cases}
\tag{5-41}
$$

式中，E', v', G' 分别为弹性模量、泊松比和剪切模量。

为了方便，进一步找出应力与位移的关系。为此，解式（5-41），并注意体应变 $\varepsilon_v = (\varepsilon_x + \varepsilon_y + \varepsilon_z)$，可得

$$\begin{cases} \sigma_x = 2G'\left(\varepsilon_x + \dfrac{v'}{1-2v'}\varepsilon_v\right) \\[2mm] \sigma_y = 2G'\left(\varepsilon_y + \dfrac{v'}{1-2v'}\varepsilon_v\right) \\[2mm] \sigma_z = 2G'\left(\varepsilon_z + \dfrac{v'}{1-2v'}\varepsilon_v\right) \\[2mm] \tau_{xy} = G'\gamma_z, \tau_{yz} = G'\gamma_x, \tau_{xz} = G'\gamma_y \end{cases} \tag{5-42}$$

将式（5-40）及式（5-41）代入平衡方程（5-39），得到下式

$$\begin{cases} -\nabla^2 u^s - \dfrac{\lambda' + G'}{G'}\dfrac{\partial \varepsilon_v}{\partial x} + \dfrac{1}{G'}\dfrac{\partial u}{\partial x} = 0 \\[2mm] -\nabla^2 v^s - \dfrac{\lambda' + G'}{G'}\dfrac{\partial \varepsilon_v}{\partial y} + \dfrac{1}{G'}\dfrac{\partial u}{\partial y} = 0 \\[2mm] -\nabla^2 w^s - \dfrac{\lambda' + G'}{G'}\dfrac{\partial \varepsilon_v}{\partial z} + \dfrac{1}{G'}\dfrac{\partial u}{\partial z} = 0 \end{cases} \tag{5-43}$$

上式中，$\lambda' = \dfrac{v'E'}{(1+v')(1-2v')}$；$G' = \dfrac{E'}{2(1+v')}$。

式（5-43）的三个方程包含四个未知数：u^s, v^s, w^s, u。为了求解，还需要补充一个方程。由于水是不可压缩的，对于饱和土，土单元体内水量的变化率在数值上等于土体积的变化率，故由达西定律可得

$$\frac{K}{\gamma_w}\nabla^2 u = -\frac{\partial \varepsilon_v}{\partial t} \tag{5-44}$$

式（5-44）提供了水流连续条件的第四个方程。这样，解式（5-43）与（5-44）组成的方程组，即可求得四个未知量。可以看到，这样得到的结果，既满足弹性材料的应力-应变关系和平衡条件，又满足变形协调条件与水流连续方程，故比奥理论是三向固结的精确表达式。

另外，根据式（5-43），并注意到有效应力 σ' 等于总应力 σ 与超静水压力 u 之和，有

$$\frac{\partial \varepsilon_v}{\partial t} = \frac{1-2v'}{E'}\frac{\partial}{\partial t}(\Theta - 3u) \tag{5-45}$$

代入式（5-44），则可求得

$$C_{v3}\nabla^2 u = \frac{\partial u}{\partial t} + \frac{1}{3}\frac{\partial \Theta}{\partial t} \tag{5-46}$$

$$C_{v3} = \frac{KE'}{3\gamma_{\mathrm{w}}(1-2v')} \qquad (5\text{-}47)$$

式中，C_{v3} 为三向固结时的固结系数；Θ 为一点的正应力之和，$\Theta = \sigma_x + \sigma_y + \sigma_z$。

比奥理论假设土骨架是线弹性体，小变形，渗流服从达西定律。在推导时，比奥理论将水流连续条件与弹性理论相结合，故可解得土体受力后的应力、应变和孔压的生成和消散过程，理论上是完整严密的。

在土工数值计算中，人们也使用非线性弹塑性模型代替线弹性模型与比奥固结理论耦合求解，如邓肯-张双曲线模型、剑桥模型等。

5.2.2　ABAQUS 中的流固耦合计算功能

流固耦合问题分析包括分析类型、增量步时间步长选择、单元选择、材料模型、荷载和边界条件、初始条件设置、输出变量等内容。

1. 分析类型

（1）稳态分析

稳态分析认为流体的流动速度、体积等都随时间不变化。因而，稳态分析中的时间选择只和本构模型材料中的率效应有关系。创建一个稳态分析步有以下两种方式：

① 通过 ABAQUS/CAE 进行创建

在 Step 模块中执行【Step】/【Creat】命令，在【Procedure】下拉列表中的选项为 General，在对话框的下部区域选择分析步类型 Soils（图 5-15），单击【Continue】按钮进入对话框，在 Basic 选项卡中单击 Pore fluid response 右侧的【Steady-state】单项按钮，单击【OK】按钮创建稳态分析步。在选中【Steady-state】单项按钮时，屏幕上会弹出一个信息框（图 5-16）。

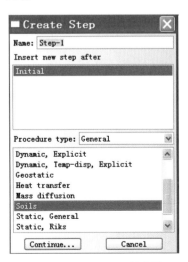

图 5-15　Creat step 对话框

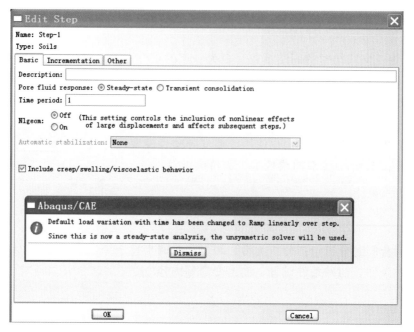

图 5-16　Edit step 对话框的 Basic 选项卡

稳态分析步中，载荷随分析步时间的变化是线性的。而在瞬态分析步中载荷默认为在分析步的一开始瞬间施加，并在其余时间中保持不变。

稳态分析是强非对称的，因而在稳态分析中自动采用非对称的刚度矩阵存储和求解方法。

② 在 inp 输入文件中通过关键字行定义

相应的语句为：

*Soils:

该关键字行后需有相应的数据行，定义增量步初始时间步长，分析步时间总长、所允许的最小时间步长和所允许的最大时间增量步长。

（2）瞬态分析

瞬态分析可以求解孔压、沉降随时间的变化过程。对于非饱和渗流的瞬态分析或者重力采用 Gravity 类型分布载荷施加的情况，ABAQUS/Standard 采用非对称的刚度矩阵存储和求解方法。其他情况如需采用非对称算法，用户需自行指定。创建一个瞬态分析步同样有两种方式：

① 通过 ABAQUS/CAE 进行创建

在图 5-16 所示的 Edit Step 对话框中，选中 Basic 选项卡中 Pore fluid response 右侧的【Transient consolidation】单项按钮创建瞬态分析步。

② 在 inp 输入文件中通过关键字行定义

相应的语句为：

*Soils, consolidation

关键字 consolidation 表示进行的是瞬态分析。通常情况下该关键字行中还会包含其他关键字选项，如定义采用固定时间步长还是自动时间步长等。

2. 增量步时间步长的选择

（1）稳定时间步长最小值（临界值）

在流体渗透/应力耦合的瞬态分析中，ABAQUS/Standard 用向后差分法求解连续性方程，从而保证了求解是无条件稳定的，只需关注孔压对时间的积分是否精确。若时间步长过小，则会造成孔压的不正常波动，造成模拟失真或收敛困难。ABAQUS/Standard 针对饱和渗流稳态，给出的稳定时间步长临界值为

$$\Delta t > \frac{\gamma_{w}(1+\beta v_{w})}{6Ek}\left(1-\frac{E}{K_{g}}\right)(\Delta l)^{2} \tag{5-48}$$

式中，Δt 是时间增量步长；γ_{w} 是液体的容重；E 是土体的杨氏弹性模量；k 是土的渗透系数；v_{w} 是孔隙流体的速度；β 是 Forchheimer 渗透定律中的速度系数，如果采用达西定律，则 $\beta=0$；K_{g} 是土骨架的体积模量；Δl 是典型的单元尺寸。

注意： 若网格尺寸较大，最小的时间步长也会较大，此时可能造成力学非线性计算中的收敛困难，需将网格加密。

（2）采用自动时间步长

固结计算中一般建议采用自动时间步长，因为在固结计算的后期，孔压的变化较小，相应的时间步长可以取相对较大值。如果采用固定步长，就会造成不必要的计算时间浪费。如果选择了自动时间增量技术，用户必须指定两个误差控制参数：

UTOL：增量步中允许的孔压变化最大值 Δu_{w}^{max}，决定了孔压对时间积分的精确度。ABAQUS/Standard 会自动控制时间步长的大小，确保在任何一个点上（除了边界点）的孔压不超过允许值。

CETOL：如果材料模型中包含蠕变材料特性，则积分的精度取决于允许最大的应变改变率 errtol。

以上参数的定义有两种方式：

① 通过 ABAQUS/CAE 进行定义

在如图 5-17 所示的 Edit Step 对话框中，切换到 incrementation 选项卡，单击 Type 右侧的【Automatic】单选按钮采用自时间步长。在 Max.pore pressure change per increment 右侧的输入框中设置 UTOL 的大小，在 Creep/swelling/viscoelastic strain error tolerance 右侧的输入框中设置 CETOL 的大小。

② 在 inp 输入文件中通过关键字行定义

相应的语句为：

*Soils, consolidation, UTOL=Δu_{w}^{max}, CETOL=errtol, end=period（default）or ss;

关键字 UTOL 表明采用自动时间步长；关键字 end = period 是默认值，意味着计算到最后终止，而 end = ss 对应于 incrementation 选项卡中的【End step when pore pressure change rate less than】复选框。

注意：对于稳态分析，同样用关键字 UTOL 表明自动时间步长，此时 UTOL 可取任意数值。

（3）采用固定时间步长

① 通过 ABAQUS/CAE 进行定义

在如图 5-17 所示的 Edit Step 对话框的 Incrementation 选项卡中，单击 Type 右侧的【Fixed】单选按钮固定时间步长。

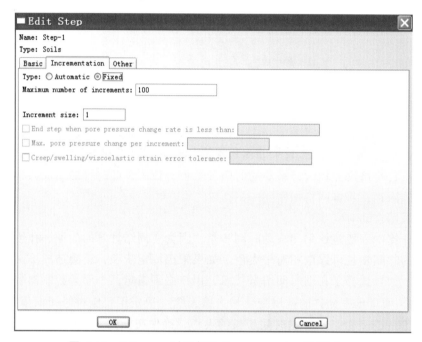

图 5-17　Edit step 对话框的 Incrementation 选项卡

② 在 inp 输入文件中通过关键字行定义

相应的语句为：

*Soils，consolidation；不包含关键字 UTOL 表明采用固定时间步长。

3. 单元选择

ABAQUS/Standard 中可对平面应变、轴对称和三维的流体渗透/应力耦合分析问题进行求解。求解所用的单元常规力学分析中的连续单元的大体构造是类似的，最大的区别在于流体渗透/应力耦合分析问题中采用的单元需具备孔压自由度，其单元类型标识符通常以字母 P 表示孔压单元，如 CPE4P 代表平面 4 节点孔压单元。当然，对于非多孔介质材料，由于不存在孔压的问题，模型中可采用常规的单元。

在纯渗流分析中，所涉及的自由度只有孔压。虽然 ABAQUS/Standard 没有纯孔压自由度的单元，但在分析中同样可以采用普通的孔压单元，然后约束单元的所有位移自由度即可。

4. 材料模型

如果在分析中采用 Gravity 类型的分布载荷施加重力，必须定义相应的密度，必须特别注意，这里的密度必须是干密度 ρ_d。

流体渗透/应力耦合分析中还必须定义土体的渗透系数。ABAQUS/Standard 采用的渗透定律是 Forchheimer 渗透定律，其渗透系数 $\bar{k}$ 定义为

$$\bar{k} = \frac{k_s}{(1 + \beta\sqrt{v_w v_w})}k \tag{5-49}$$

式中，k 是饱和土的渗透系数；β 是反映速度对渗透系数影响的系数，当 $\beta = 0$ 时 Forchheimer 渗透定律简化为达西定律；v_w 是流体的速度；k_s 是与饱和度有关的系数，但饱和度 $S_r = 1$ 时，$k_s = 1$，ABAQUS/Standard 默认 $k_s = S_r^3$，反映了非饱和土渗透系数与饱和土渗透系数的区别。渗透系数除了可以是饱和度的函数之外，也可以是孔隙比的函数，这和岩土工程中所认为的随着孔隙比减小，渗透系数下降的概念是一致的。

（1）在 ABAQuS/CAE 中定义渗透系数

在 Property 模块中，执行【Material】/【Creat】命令，在 Edit Material 对话框中执行【Other】/【Pore Fluid】/【Permeability】命令，此时对话框如图 5-18 所示。

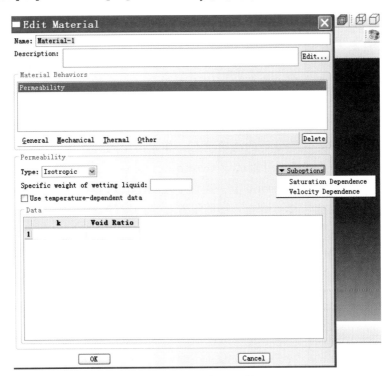

图 5-18　设置渗透系数

Type（类型）下拉列表：Type 下拉列表包含三个选项，即 Isotropic（各向同性）、Orthotropic（正交各向异性）和 Ainisotropic（各向异性）的渗透系数。

Specific weight of wetting liquid（液体重度）输入框:在该输入框中设置液体重度。

Data（数据）区域：在该区域中设置随孔隙比变化的渗透系数。

Suboptions（子选项）下拉菜单:通过该菜单下的【Saturation Dependence】命令可以定义随饱和度变化的 k_s；通过【Velocity Dependence】命令可以设置 β。

（2）在 inp 输入文件中定义渗透系数

渗透系数的定义需在材料选项块语句中进行，关键字行如下:

* Permeability，TYPE = type，specific = γ_w；

k, e；渗透系数，对应的孔隙比，如有需要该数据行可重复。

关键字 type 表示渗透系数的类型，可为 Isotropic、Orthotropic 或 Anisotropic，关键字 specific 定义液体重度。

5. 载荷和边界条件

除了正常的载荷、位移边界条件之外，在孔压消散/应力耦合分析中，还可以对自由度 8，即孔压，进行相应的载荷和边界条件设置，如排水边界上可将孔压设为零。

注意：若不指定孔压边界条件，ABAQUS 认为该边界是不透水的。

6. 设置初始条件

（1）设置初始有效应力分布

在 ABAQUS 中采用 Geostatic 分析步来建立土体受载前的初始平衡状态。实际上，对于岩土工程的分析而言，Geostatic 分析步通常都是岩土分析中的第一步。在这一步中，土体受到重力作用，所设置的初始应力应和重力相平衡，且不产生任何位移。然而，对于复杂的问题,精确地设置初始应力并不容易,ABAQUS/Standard 会在 Geostatic 步中通过迭代来建立与载荷和边界条件相对应的平衡状态，即对和初始条件给出的应力场进行调整，并作为后继分析的初始状态。如果给出的初始应力状态偏离平衡条件过大，或存在过大的非线性，可能造成 Geostatic 步的迭代失败，此时需要调整初始应力状态。同样的，如果在 Geostatic 步中迭代平衡后的位移量值，接近甚至大于后继加载所造成的位移，也意味着初始应力场的设置是有问题的。

对于土体这种孔隙介质，为了正确地定义初始状态，必须给出初始孔隙比、初始孔压和初始有效应力的正确分布。下面以总孔压分析中竖向（z 向，坐标竖直向上）平衡为例进行说明。

若在初始状态，孔隙流体处于静水压力平衡条件：

$$\frac{du_w}{dz} = -\gamma_w \qquad (5\text{-}50)$$

式中，γ_w 是用户指定的液体重度，一般可认为 γ_w 与 z 坐标无关，对上式积分后有

$$u_w = \gamma_w(z_w^0 - z) \qquad (5\text{-}51)$$

式中，z_w^0 是自由水面的高程，在此高程处 $u_w = 0$，在此高程以上为非饱和区域，$u_w < 0$。

若忽略剪应力，则竖向平衡条件为

$$\frac{d\sigma_{zz}}{dz} = \rho_d g + S_r n^0 \gamma_w \tag{5-52}$$

式中，ρ_d 是干密度，g 是重力加速度，n^0 是初始孔隙率，与初始孔隙比 e^0 之间的关系为 $n^0 = \frac{e^0}{1+e^0}$；S_r 是饱和度。

提示：这里的应力按照 ABAQUS 中的规则，以拉为正。

ABAQUS/Standard 的初始条件需要初始有效应力分布，$\bar{\sigma}$ 与总应力 σ 之间的关系为

$$\bar{\sigma} = \sigma + S_r u_w I \tag{5-53}$$

联合有效应力定义和竖向平衡条件有

$$\frac{d\bar{\sigma}_{zz}}{dz} = \rho_d g - \gamma_w \left[S_r(1-n^0) - \frac{dS_r}{dz}(z_w^0 - z) \right], z < z_1^0 \tag{5-54}$$

$$\frac{d\bar{\sigma}_{zz}}{dz} = \rho_d g, z \geqslant z_1^0 \tag{5-55}$$

在许多问题中，饱和度 S_r 可以认为是一个定值。比如，对于饱和渗流问题，浸润面以下都要 $S_r = 0$。如果进一步假定初始孔隙率 n_0 和干密度 ρ_d 都随深度保持不变，则通过对上两式积分有

$$\bar{\sigma}_{zz} = \rho_d g(z - z^0) + \gamma_w [S_r(1-n_0)(z_w^0 - z)], z < z_1^0 \tag{5-56}$$

$$\bar{\sigma}_{zz} = \rho_d g(z - z^0), z < z_1^0 \tag{5-57}$$

需要注意，大多数问题中孔隙比 e 随深度肯定是变化的，甚至 ρ_d 和 S_r 都不是一个定值，此时需要根据给出的积分公式，给出准确的初始应力的分布，否则对计算结果是有影响的。反之，若已经知道或假定初始有效应力沿深度呈某一特定的模式分布，则意味着沿深度的分布也应是有一定规律的。本章会在后面通过一个例子详细地说明这个问题。

以上给出了初始竖向应力随深度的分布，而通常认为土体中的初始水平有效应力只和 z 坐标有关，而和水平位置无关。因此在分析中，水平有效应力由竖向有效应力乘以水平土压力系数得到。相应的关键字行语句为：

*Initial conditions，type = stress，geostatic；

关键字 stress 表明定义的是初始应力，而关键字 geostatic 表明定义随深度线性变化的初始应力。

相应的数据行应依次给出单元号或单元集合名称，起点应力值对应坐标 x 方向的水平土压力系数，终点应力值对应坐标 y 方向的水平土压力系数。

注意：初始应力无法在 ABAQUS/CAE 中设置。

（2）其他初始条件的设置

除了设置初始应力外，通常还需进行初始孔隙比、初始孔隙水压力等的初始条件的设置，这些同样无法在 ABAQUS/CAE 中实现，需要在 inp 中进行。

① 定义初始孔隙水压力

*Initial conditions，type = pore pressure

关键字 pore pressure 表明定义的是孔隙水压力。

② 定义初始孔隙比

*Initial conditions，type = ratio

关键字 ratio 表明定义的是孔隙比。

提示：对非饱和土还需定义初始饱和度，若不定义，ABAQUS 默认土体是饱和的。

7. 流固问题中的输出变量

除了常规的（有效）应力、应变等之外，针对流体渗透、应力耦合分析，ABAQUS/Standard 还可输出如表 5-2 所示的单元输出变量。

表 5-2 计算中的单元输出变量

变量名称	含义
VOIDR	孔隙比
POR	单元积分点的孔压
SAT	饱和度
GELVR	固体占总体积的比例
FLUVR	流体占总体积的体积比
FLVEL	孔隙流体的速度分量及大小

除了常规的位移、节点反力外，针对流体渗透、应力耦合分析，ABAQUS/Standard 还可输出节点输出变量，如表 5-3 所示。

表 5-3 计算中的节点输出变量

变量名称	含义
POR	节点处的孔压
RVF	流量，符号为正时代表流体流进模型
RVT	渗透量

5.3 综合案例分析

以贵州省毕节至威宁高速公路 K100 + 280 ~ K100 + 520 段边坡为研究原型，首先研究其性质，确定计算参数，通过 ABAQUS 建立有限元模型。

5.3.1 堆积体边坡概况

毕威高速公路 K100＋280～K100＋520 右侧边坡，走向 265°，公路的通过形式是深切路堑边坡，开挖的最大高度是 61 m，其主滑移方向是 26°，与 K86＋680～K86＋960 段堆积体边坡极其类似，如图 5-19 所示。上覆碎石土层厚，下伏二叠系上统峨眉山组厚层状玄武岩，强风化层厚。岩石节理裂隙极发育，岩体极为破碎，边坡开挖到路槽处时，因开挖卸荷及降雨等使得边坡局部出现滑动塌方，坡顶处已有整体下坐的趋势，并且产生了多条错台裂缝，坡体已经有明显变形，如图 5-20 所示。

图 5-19　边坡　　　　　　　　图 5-20　边坡中的裂缝

根据现场的钻孔资料，能够了解到边坡岩土体的分层现状，如图 5-21 所示。

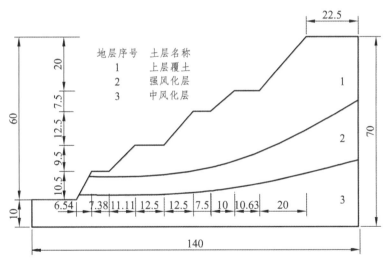

图 5-21　边坡土层分层情况

5.3.2 有限元参数的选取

在室内对该边坡开展扰动带岩土体的密度、含水量、孔隙比（计算获得）等试验，确定堆积体的物理性质和力学指标。

土体基本参数试验结果如表 5-4 表示。

表 5-4　土体基本参数

土体密度/（g/cm³）	最佳含水量/%	孔隙比
1.68	15.2	1.203

注：表中的孔隙比经过计算获得。

室内试验得到不同含水率的土体黏聚力与对应的内摩擦角之间的关系，具体见表 5-5。

表 5-5　不同含水率下的土体强度参数

含水率/%	0.5	5	10	15	20	25	30
黏聚力 c/kPa	118.37	34.36	30.2	26.42	11.54	6.80	6.24
内摩擦角 ϕ/（°）	41.36	38.34	33.65	27.10	23.41	17.32	14.58

据此，本节理论分析采用的土体强度参数为黏聚力 $c = 26$ kPa，内摩擦角 $\varphi = 27°$。
表 5-5 中的黏聚力与其对应的内摩擦角和含水率关系分别如图 5-22、图 5-23 所示。

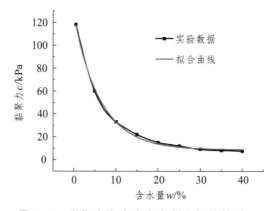

图 5-22　黏聚力和含水率变化之间的关系

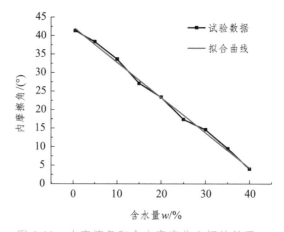

图 5-23　内摩擦角和含水率变化之间的关系

采用 Origin 分析拟合，那么就能获得土体强度参数黏聚力 c_w、摩擦角 φ_w 和含水率 w 变化之间存在的关系，表示为

$$c_w = 8.69\,469 + 117.67\,731 e^{-0.15\,793w} \tag{5-58}$$

$$\varphi_w = 42.358\,7 - 0.952\,7w \tag{5-59}$$

式（5-58）以及式（5-59）所表示的是含水率不一样的土体中，其黏聚力以及内摩擦角的变化，按照土体的不同含水量，可获得土体在不饱和的情况下其强度的折减规律。

边坡土体压缩模量为 8.8 MPa，土体渗透系数为 $2.41 \times 10^{-4} \sim 2.61 \times 10^{-4}$ cm/s，平均渗透系数为 2.49×10^{-4} cm/s。

5.3.3　降雨参数选取

降雨量参数如表 5-6 所示。

表 5-6　不同降雨类型的降雨强度参数

降雨类型	小雨	中雨	大雨	暴雨
降雨强度/（mm/h）	0.4	1.0	2.0	5.0

5.3.4　ABAQUS 中的本构模型

在 ABAQUS 中，有针对岩土体性质进行模拟的本构模型，比如多孔介质弹性模型、线性弹性模型、弹塑性模型等，而摩尔-库仑模型公式最大的优势是较为简便，并且可以直接获得用以计算的参数，所以在岩土工程里应用比较多，本节所进行的研究也是通过摩尔-库仑弹塑性模型做数值模拟。

有限元强度折减实际上就是把岩土体对应的强度指标 c 和 φ 除以折减系数 F_t，然后获得 c' 和 φ'，再把 c' 和 φ' 进行有限元计算，若是计算结果符合边坡的破坏规则，那么这个折减系数 F_t 就可以代表边坡安全系数。c'、φ' 表示为

$$c' = \frac{c}{F_t} \tag{5-60}$$

$$\varphi' = \arctan \frac{\tan \varphi}{F_t} \tag{5-61}$$

现在很多数值分析的软件中都有强度折减的计算程序，而在 ABAQUS 中，尽管没有直接进行强度折减的程序，不过要进行强度折减计算也并不复杂，根据下述流程操作即可：

（1）明确场变量，也就是明确强度折减系数 F_r；

（2）对模型参数和场变量之间的变化关系进行定义；

（3）一般场变量在定义的时候要考虑模型施加的重力荷载，要保证应力处于平衡状态，所以一般 F_r 的取值都比较小，如果假设 $F_r \leqslant 1$，那么强度就会被放大；

（4）之后所进行的分析让 F_r 线性增大，结束计算之后再处理结果，然后根据失稳评价标准明确坡体的安全系数。

5.3.5 有限元模型的建立

1. 对岩土的渗吸属性、对应的折减规律进行定义

（1）渗吸属性

ABAQUS 里研究对象的渗透系数和其基质吸力之间的关系表示为

$$K_w = a_w K_{ws} / \{a_w + [b_w \times (u_a - u_w)]^{c_w}\} \tag{5-62}$$

$$S_r = S_i + (S_n - S_i) a_s / \{a_s + [b_s \times (u_a - u_w)]^{c_s}\} \tag{5-63}$$

式中，K_{ws} 表示的是土体饱和情况下对应的渗透系数；u_a 表示的是土体里的气压；u_w 表示的是土体里的水压；$(u_a - u_w)$ 表示的是土体基质吸力；a_w, b_w, c_w 表示的是土体的材料系数；S_r 表示的是饱和度；S_i 表示的是残余饱和度；S_n 表示的是饱和度最大值；a_s, b_s, c_s 表示的是土体的材料系数。

在 ABAQUS 内部是以一个折减系数 k_s 来考虑饱和度对渗透系数的影响，若出现非饱和渗流，$k_s = (S_r)^3$，计算时，按照饱和度不同修正为 $K_w = k_s K_{ws}$。

通过表格对材料的属性进行定义，其渗透系数随着土体的饱和度呈现的曲线变化如图 5-24 所示。

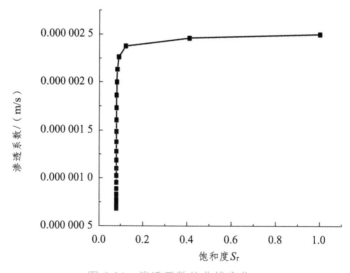

图 5-24 渗透系数的曲线变化

折减系数随饱和度的变化见表 5-7。

表 5-7　折减系数和饱和度的关系

折减系数 k_s	饱和度 S_r
0.273 855	0.080 014
0.291 533	0.080 017
0.310 874	0.080 021
0.332 063	0.080 025
0.355 304	0.080 031
0.380 815	0.080 039
0.408 831	0.080 050
0.439 592	0.080 065
0.473 339	0.080 086
0.510 292	0.080 116
0.550 626	0.080 163
0.594 431	0.080 235
0.641 653	0.080 355
0.692 013	0.080 566
0.744 902	0.080 971
0.799 240	0.081 836
0.853 322	0.084 000
0.904 647	0.090 867
0.949 753	0.123 317
0.983 977	0.409 885
1.000 000	1.000 000

式（5-63）可计算出材料的吸湿曲线值，对应的基质吸力随饱和度变化曲线如图 5-25 所示。

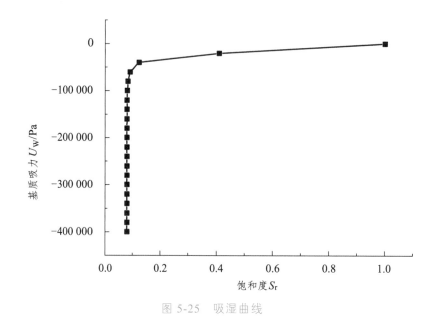

图 5-25 吸湿曲线

基质吸力和饱和度的关系见表 5-8。

表 5-8 基质吸力和饱和度的关系

基质吸力 $(u_a - u_w)$	饱和度 S_r
$-400\ 000$	0.080 014
$-380\ 000$	0.080 017
$-360\ 000$	0.080 021
$-340\ 000$	0.080 025
$-320\ 000$	0.080 031
$-300\ 000$	0.080 039
$-280\ 000$	0.080 050
$-260\ 000$	0.080 065
$-240\ 000$	0.080 086
$-220\ 000$	0.080 116
$-200\ 000$	0.080 163
$-180\ 000$	0.080 235
$-160\ 000$	0.080 355
$-140\ 000$	0.080 566

基质吸力 $(u_a - u_w)$	饱和度 S_r
−120 000	0.080 971
−100 000	0.081 836
−80 000	0.084 000
−60 000	0.090 867
−40 000	0.123 317
−20 000	0.409 885
0	1.000 000

（2）材料折减规律

通过式（5-60）可以计算材料的黏聚力折减值，而 ABAQUS 里则是通过摩尔-库仑塑性模型进行计算，这个模型里场变量个数是 1，塑性应变数值是 0。表 5-9 表示的是 ABAQUS 模型中，上层覆土为不同程度的风化岩石其黏聚力在不同场变量里的折减情况。

表 5-9　岩土黏聚力折减情况

上层覆土强度/Pa	强风化岩石强度/Pa	中风化岩石强度/Pa	折减系数
38 728.82	100 000.00	2 000 000.00	0.50
25 819.21	66 666.67	1 333 333.33	0.75
19 364.41	50 000.00	1 000 000.00	1.00
15 491.53	40 000.00	800 000.00	1.25
12 909.61	33 333.33	666 666.67	1.50
11 065.38	28 571.43	571 428.57	1.75
9 682.21	25 000.00	500 000.00	2.00

同样，ABAQUS 里，摩尔-库仑模型中场变量个数设置为 1，岩土体膨胀角则设置为 0，忽略剪胀作用，根据前述公式可计算材料摩擦角折减。表 5-10 表示的是 ABAQUS 中上层覆土为不同程度的风化岩石其摩擦角在不同场变量里的折减情况。

表 5-10　岩土摩擦角折减情况

上层覆土摩擦角/ (°)	强风化岩石摩擦/ (°)	中风化岩石摩擦角/ (°)	折减系数
46.446 332 15	54.470 355 14	67.239 523 73	0.50
35.038 272 98	43.033 538 26	57.816 778 12	0.75
27.740 000 00	35.000 000 00	50.000 000 00	1.00
22.817 566 14	29.256 067 64	43.633 506 45	1.25
19.320 755 65	25.023 402 84	38.467 225 71	1.50
16.726 352 68	21.807 266 91	34.254 943 55	1.75
14.732 492 63	19.295 342 73	30.789 733 03	2.00

2. 边界条件

模型两侧：约束水平方向位移，水头边界条件已有明确规定，其在地下水位之下。

入渗边界：入渗边界就是指边坡表面还有其坡顶，一般和水头边界以及流量边界相一致，如果孔隙水压小于 0，那么就是流量边界，反之则是水头边界，所以如果降雨量在土体的渗透量以内，则采用流量边界进行处理，反之则是采用水头边界进行处理。

底面边界：模型的底面可以约束两个方向的位移，即水平方向和竖直方向，同时设定其属于不透水边界。

图 5-26 表示的就是模型所设置的边界条件。

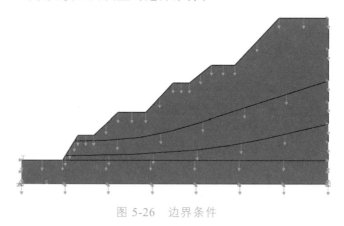

图 5-26　边界条件

3. 初始条件

初始条件即为孔压边界条件，边坡背面是水库，其水位高度 10 m，图 5-27 表示的是边坡两侧的孔压边界以及孔压在不同深度下的线性变化。

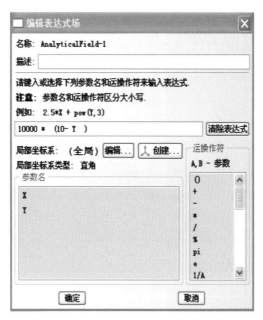

图 5-27　孔压边界条件参数

4. 模型分析步

分析步一般都包含 4 个，首先就是初始分析步；其次是 load 分析步，这个分析步里可以增加重力荷载；然后是 rain 分析步，在这个分析步里进行降雨模拟；最后就是 reduce 分析步，在这个分析步中作强度折减。

5. 定义荷载

本节建立的模型荷载包含 2 个方面，即重力荷载以及降雨荷载，一般第二个分析步里将重力荷载加入，然后第 3 个分析步里再将降雨荷载加入，图 5-28 表示的是荷载的具体变化。

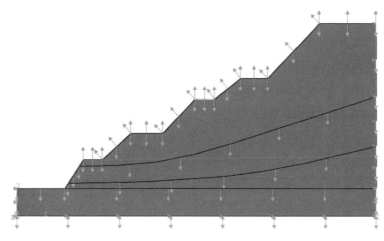

图 5-28　边坡荷载添加

6. 网格划分

这个步骤中首先要对网格的属性以及指派的单元类型进行定义和明确，本节建立的模型网格属性是四边形自由模型，单元类型是 CPE4R，具体的网格划分如图 5-29 所示。

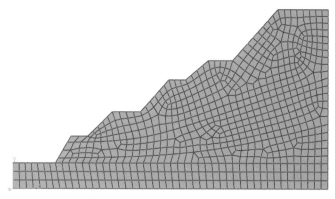

图 5-29 网格划分

5.3.6 计算结果分析

1. 降雨入渗过程中渗流速度的变化规律

图 5-30 至图 5-32 分别给出了降雨 10 min，2 h，24 h 时的边坡渗流速度。从图（5-30）到图（5-32）我们可以看出降雨过程中雨水入渗的过程：开始降雨阶段，雨水由边坡表面开始逐渐向边坡内部入渗，由于开始阶段雨水还未入渗到边坡内部，此时边坡表面渗流速度最快，向边坡内部渗流速度迅速衰减，如图 5-30 所示；随着降雨的持续，雨水逐渐由边坡表面入渗到边坡内部，如图 5-31 所示；当雨水入渗到边坡内部之后，我们可以由图 5-32 清楚看到，雨水的渗流主要发生在边坡的强风化层，表面覆土层渗流速度较小，而中风化层几乎为 0，这主要由于边坡强风化层的渗流速度远大于强风化岩层和表面覆土，雨水由表面覆土层入渗到强风化层，主要沿强风化岩层向下流动。

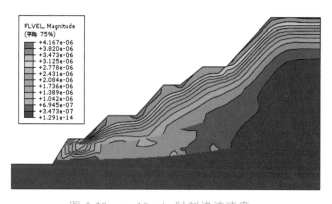

图 5-30 $t = 10$ min 时刻渗流速度

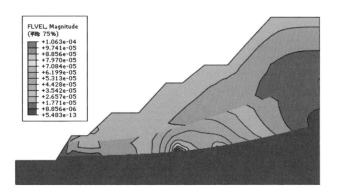

图 5-31　$t = 2$ h 时刻渗流速度

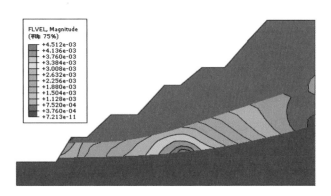

图 5-32　$t = 24$ h 时刻渗流速度

图 5-33 给出了降雨 24 h 后渗流速度矢量图，图 5-34 是边坡上部局部放大效果图，图 5-35 是边坡下部局部放大效果图。

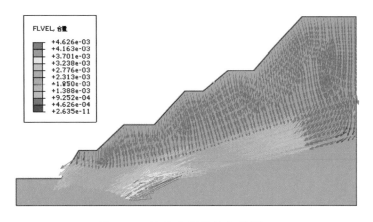

图 5-33　边坡内部渗流矢量图

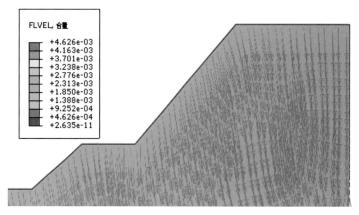

图 5-34 边坡上部局部渗流速度矢量图

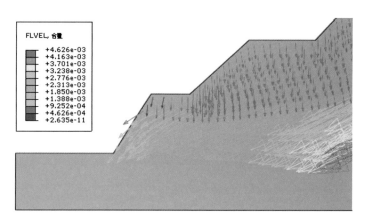

图 5-35 边坡下部局部渗流速度矢量图

2. 应变、位移、塑性区的变化规律

本节把降雨量设定为 5 mm/h，然后通过 ABAQUS 后处理分析边坡扰动带的应变规律、位移规律、塑性区发展规律。

（1）应变变化规律

图 5-36 表示的是边坡在 $t = 0$ 情况下的应变分布云图，图 5-37 则表示的是边坡 $t = 12$ h 情况下的应变分布云图，图 5-38 表示的是边坡 $t = 24$ h 情况下的应变分布云图，根据这 3 个图所反映出来的信息可以获得边坡在初始条件到遭到破坏的过程中完整的应变发展变化。在图 5-36 中，初始条件下，边坡内部的应变很小，基本等于 0。边坡土体强度的折减之后，在图 5-37 中，边坡顶部首先出现明显应变变化，到破坏完成之后，应变变化如图 5-38 所示。

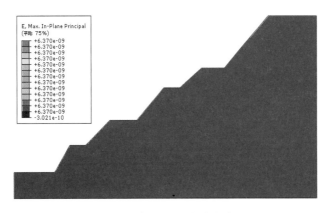

图 5-36　$t = 0$ 情况下的边坡应变云图

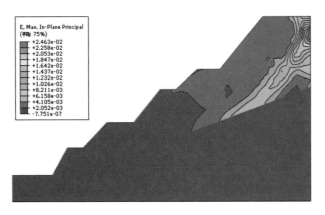

图 5-37　$t = 12\,\text{h}$ 情况下的边坡应变云图

　　为进一步研究清楚边坡滑动时其内部应变分量在不同深度下的变化，在边坡第四个台阶处，从上至下划分出 5 个点，A 点深度为 $5\,\text{m}$，B 点深度为 $10\,\text{m}$，C 点深度为 $15\,\text{m}$，D 点深度为 $17\,\text{m}$，E 点深度为 $20\,\text{m}$，对其变化规律进行分析，具体位置如图 5-38 所示。在降雨时间延长以后，图 5-39 表示的是各个点在不同时间时的应变分量。

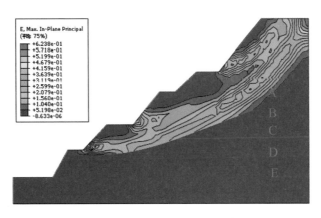

图 5-38　$t = 24\,\text{h}$ 情况下的边坡应变云图

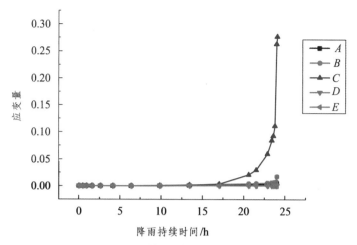

图 5-39　不同时间各个点应变分量变化

根据图中的信息来看，5 个点的应变分量变化规律是：

① C 点的位置是滑带上，其应变量最大，而 D 点在滑带下缘，降雨刚刚开始时候应变量很小，而边坡破坏时应变量增加明显，其他 3 个点的应变量在降雨中没有明显变化。

② C 点上的应变分量产生的变化属于非线性变化，降雨时间在不足 12 h 的时候，其应变分量的变化并不大，而在达到 12 h 以后越来越大，当降雨时间在 20 h 后，其应变分量急剧增大。

（2）位移变化规律

图 5-40 表示的是边坡在 $t = 0$ 情况下的位移分布云图，图 5-41 表示的是边坡 $t = 12$ h 情况下的位移分布云图，图 5-42 表示的是边坡 $t = 24$ h 情况下的位移分布云图。图 5-40 中，边坡中的各个部位基本没有位移变化，相当于 0，而在强度的折减开始后，根据图 5-41，边坡的顶部是第一个出现明显位移变化的位置，图 5-42 则是表示在破坏出现之后边坡的位移情况。

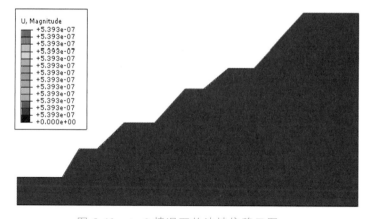

图 5-40　$t = 0$ 情况下的边坡位移云图

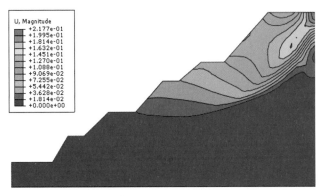

图 5-41　$t = 12\ h$ 情况下的边坡位移云图

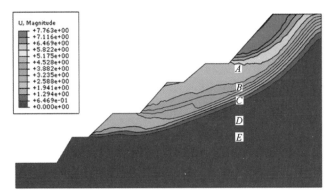

图 5-42　$t = 24\ h$ 情况下的边坡位移云图

　　同样，为进一步研究清楚边坡滑动时其内部位移分量在不同深度下的变化，在边坡第四个台阶处，从上至下划分出 5 个点，A 点深度为 5 m，B 点深度为 10 m，C 点深度为 15 mm，D 点深度为 17 mm，E 点深度为 20 mm，对其位移变化规律进行分析，其位置如图 5-42 所示。在降雨时间延长以后，图 5-43 表示的是各个点在不同时间时的位移分量。

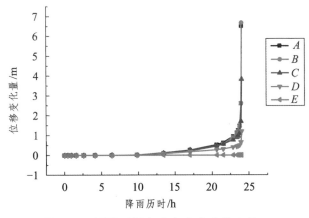

图 5-43　不同时间各个点应变分量变化

从图中可得出：

① A 点一直到 E 点中，边坡位移量越来越小。A 点的位移量是最大值，E 点则是最小值，相当于 0。

② 每一个点的位移变化都是非线性的，降雨时间没有达到 12 h 之前，位移量的变化并不明显，而降雨时间越来越长，当达到 12 h 的时候位移量开始出现明显变化，在 20 h 的时候其位移量急剧变大。

（3）塑性区变化规律

图 5-44 表示的是边坡在 $t = 0$ 情况下的塑性区分布云图，图 5-45 则表示的是边坡 $t = 12$ h 情况下的塑性区分布云图，图 5-46 表示的是边坡 $t = 24$ h 情况下的塑性区分布云图。根据图 5-44，最初边坡中的各个部位中基本没有出现塑性区，接近于 0，而在强度的折减开始后，根据图 5-45，边坡的顶部是第一个出现明显塑性区的位置，图 5-46 则是表示在破坏出现之后边坡的塑性区。

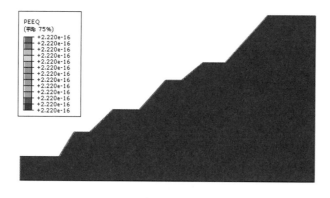

图 5-44　$t = 0$ 情况下的边坡塑性区

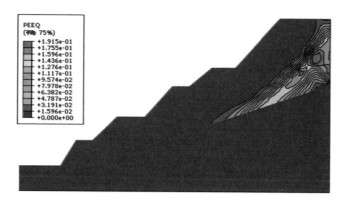

图 5-45　$t = 12$ h 情况下的边坡塑性区

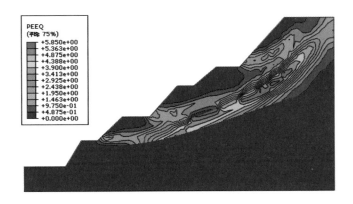

图 5-46　$t = 24$ h 情况下的边坡塑性区

　　根据图 5-44 至图 5-46 可以发现边坡的塑性区变化规律：初始阶段，边坡较为稳定，没有产生塑性区；而在降雨持续的整个过程中，边坡顶部后缘土体是第一个出现屈服状态的位置，出现塑性区，同时这个区域沿表层覆盖土与强风化层的交界面处开始向下发展，降雨进一步持续，边坡土体的强度越来越弱，塑性区越来越大，最后贯穿了坡顶和坡脚，导致边坡失稳滑坡。

第6章 动力问题

6.1 概 述

6.1.1 岩土工程中的动力学问题

1. 岩土工程动力学问题及其产生原因

在岩土工程建设中，正常情况下一般主要考虑静力荷载（static loading）对工程结构的作用，但如果工程结构遭遇诸如较大的地震、爆破施工振动等动力荷载（dynamic loading）作用时，在其设计与施工过程中，则除了要考虑静力对工程结构的作用外，还必须充分考虑动力荷载对其产生的振动作用。动力荷载一般为各种随时间变化的外载作用，一旦岩土工程结构有动力荷载作用，结构就会出现相应的随时间变化的动力效应，并会衍生出一系列动力问题，必须切实了解这些动力效应出现后的后果，进而据此提出合理且切实可行的解决办法或措施，才能确保工程结构安全。

动力这个词可以简单地被定义为大小、方向或作用点随时间而改变的任何荷载，而在动力作用下结构的反应亦即所产生的位移、内力、应力和应变也是随时间而改变的。由此，可以认为静力荷载仅仅是动力荷载的一种特殊形式。由于荷载和响应随时间而变化，显然动力问题不像静力问题那样具有单一的解，而必须建立相应于时程中感兴趣的全部时间的一系列解答，因此动力分析显然要比静力分析更为复杂、且更消耗时间。

在岩土工程中主要有地震、爆破施工振动、打桩、夯实地基及基桩低应变检测等岩土工程中的动力学问题。这些问题又会表现出线性及非线性。

2. 岩土工程动力分析的必要性

如果只需要考虑结构加载荷后的长期响应，按静力分析即可满足工程要求。若动力荷载较大时，尽管作用时间较短，但有可能会对工程结构造成较大损伤，如地震、爆破振动，或者载荷性质为动态，这时就必须采用动力分析。

静力分析也许能确保一个结构可以承受稳定载荷的条件，但这些还远远不够，尤其在载荷随时间变化时更是如此。因为对于工程结构，在受荷载后可能最终状态是稳定的，但在建造过程中或许会出现因为施工等意外动力荷载出现问题。另外，也有可能在工程结构完工后，受到其他外来动力荷载而出现损伤甚至灾难性后果。例如，著名的美国塔科马海峡吊桥（Galloping Gertie）在 1940 年 11 月 7 日，也就是在它刚建成 4 个月后，受到风速为 42 英里/小时的平稳载荷时发生了倒塌。

岩土工程设计也应分为静力设计和动力设计两部分。对于静力设计和静力强度计算已不存在什么问题，通过传统的经验设计和类比设计方法，根据相关规范，使用一般的通用程序即可进行。但在工程中动力荷载作用事实上是普遍存在的，很多情况下仅仅进行静力计算将不能满足工程使用要求，必须作动力分析和动态设计。

3. 如何确定是否需要进行动力分析

在工程建设中到底是否需要进行工程结构动力分析呢？这就要充分考虑与动力分析相关联的惯性力（Inertia Force）和阻尼（Damping Force）了。

惯性力是指当物体有加速度（可以是加速阶段，也可以是减速阶段）时，物体具有的惯性会使物体有保持原有运动状态的倾向，而此时若以该物体为参考系，并在该参考系上建立坐标系，看起来就仿佛有一股方向相反的力作用在该物体上令该物体在坐标系内发生位移，因此称之为惯性力。

阻尼是指物体在运动过程中受各种阻力（外界作用或系统本身固有）的影响，能量逐渐衰减而运动减弱的特性（如弹簧振动）。在力学中，对于使自由振动衰减的各种摩擦和其他阻碍（如非真空）作用，称为阻尼。

从结构受力平衡看，如果假设由惯性力引起的运动与其他弹性内外力引起的运动相比小到可以忽略的程度，那么就可以只考虑静力分析。当惯性力或阻尼力大到一定程度时，就必须在力平衡方程式中考虑惯性力和阻尼力，此时结构就必须要进行动力分析。

那么在岩土工程中，究竟到底什么时候需要考虑动力效应呢？也即什么时候动力效应才称为"足够大"从而必须在运动平衡方程式中考虑动力效应？

把静力分析作为动力分析的一个特例，时刻不忽略动力效应。也可以同时对静力分析及动力分析分别计算，如果两次分析的结果差异较小，不超过 5%，则可以忽略动力效应，否则不能忽略动力效应。

当然还可以采用另外一种办法进行判别，依据基频也即结构系统的第一阶弹性自然频率（Fundamental Natural Frequency）进行分析。当结构处于动力状态时，其变形的频率小于结构基频的 1/3 时，就可以不需要考虑动力效应。至于什么是工程结构基频以及如何获得它将在后续的模态分析章节中详细说明。

6.1.2 动力分析及其类型

1. 动力学分析的定义

动力学分析是用来确定惯性（质量效应）和阻尼起着重要作用时结构或构件动力学特性的技术。

分析对象所指的"动力学特性"包括以下一种或几种类型：

（1）振动特性：结构振动方式和振动频率，如荡秋千。

（2）随时间变化载荷的效应：结构位移和应力的效应。

（3）周期（振动）或随机载荷的效应。

动力学分析通常分析下列物理现象：

（1）振动：由于旋转机械引起的振动、爆破振动。

（2）冲击：汽车碰撞、锤击、爆炸侵彻、爆炸冲击。

（3）交变作用力：各种曲轴以及其他回转机械等。

（4）地震载荷：地震等。

（5）随机振动：火箭发射、道路运输、高速铁路等。

上述每一种情况都由一个特定的动力学分析类型来处理。

2. 动力学分析类型

动力学分析类型包括模态分析、瞬态动力学分析、谐分析、谱分析以及随机振动分析五种类型。

模态分析一般用来确定结构的振动特性，如受应力（或离心力）作用的涡轮叶片表现出不同的动力学特性。

瞬态动力学分析用来计算结构对随时间变化载荷的响应，如汽车防撞挡板应能承受得住低速冲击等。

谐分析用来确定结构对稳态简谐载荷的响应，如回转机器对轴承和支撑结构施加稳态的、交变的作用力后会引起不同的偏转和应力。

谱分析可以确定结构对地震载荷的影响，如位于地震多发区的房屋框架和桥梁应该设计应当能够承受地震载荷要求。

随机振动分析可以确定结构对随机震动的影响，如太空船和飞机的部件必须能够承受持续一段时间的变频率随机载荷。

6.1.3 动力分析基本含义及相关概念

1. 动力分析的本质

如果仅为静力问题，则没有惯性力的存在，内外力之间是平衡的，结构系统的静力学平衡方程式可表示为

$$[K]\{u\} = \{F\} \tag{6-1}$$

式中，$[K]$ 为刚度矩阵，$\{u\}$ 为节点位移向量，$\{F\}$ 为静力矩阵。

式（6-1）也可以表示为

$$p = kx \tag{6-2}$$

类似弹簧受力，按胡克定律，p 为弹力（N），k 为劲度系数（N/m），x 为弹簧伸长量（m）。

在实际的岩土工程结构中，如果考虑惯性力或阻尼力，则系统的受力平衡方程式（6-1）可写成

$$[M]\{\ddot{u}\} + [C]\{\dot{u}\} + [K]\{u\} = \{F(t)\} \tag{6-3}$$

式中，[M]为质量矩阵，[C]为阻尼矩阵，[K]为刚度矩阵，$\{\ddot{u}\}$为节点加速度向量，$\{\dot{u}\}$为节点速度向量，$\{u\}$为节点位移向量，$\{F(t)\}$为随时间变化的外部荷载。

式（6-3）也可以表示为

$$P - I = M\ddot{u} \tag{6-4}$$

式中，P为所施加的外力，I为在结构中的内力，M为结构质量，$\ddot{u}$为结构的加速度（速度u的二阶导数）。

当可以忽略惯性力和阻尼影响时，内外力之间保持平衡，受力平衡方程式为

$$P - I = M\ddot{u} = 0 \tag{6-5}$$

当不能忽略惯性力的影响时，就应该使用动力分析方法来解决问题。此时由于加速度的存在，使结构的内外力之间不再保持平衡，而不平衡力在数值上应该等于惯性力的大小，即

$$P - I = M\ddot{u} \neq 0 \tag{6-6}$$

岩土工程动力问题分析就是必须考虑的惯性力和阻尼包含在动力学平衡方程中，式（6-6）可转化为

$$M\ddot{u} + I - P = 0 \tag{6-7}$$

值得注意的是，在上面几个公式中的表述其实就是牛顿第二运动定律（$F = ma$）。

在静态和动态分析之间最主要的区别是在平衡方程中包含了惯性力（$M\ddot{u}$，也即Ma）。另外，还有一个区别就是内力I的定义。在静态分析中，内力仅由结构的变形引起；而在动态分析中，内力包括因阻尼和结构变形共同作用的结果。

2. 对于惯性力的说明

惯性力实际上并不存在，实际存在的只有原本将该物体加速的力，因此惯性力又称为假想力。这个概念的提出是因为在非惯性系中，牛顿运动定律并不适用。但是为了思维上的方便，可以假想在这个非惯性系中，除了相互作用所引起的力之外还受到一种由于非惯性系而引起的力——惯性力。例如，当公交车刹车时，车上的人因为惯性而向前倾，在车上的人看来仿佛有一股力量将他们向前推，即为惯性力。然而只有作用在公交车的刹车以及轮胎上的摩擦力使公交车减速，实际上并不存在将乘客往前推的力，这只是惯性在不同参照系下的表现。

3. 阻　尼

（1）阻尼概念

阻尼是指物体在运动过程中受各种阻力（外界作用或系统本身固有）的影响，能量逐渐衰减而运动减弱的特性。在力学中，对于使自由振动衰减的各种摩擦和其他阻碍（如非真空）作用，称为阻尼。如果一个无阻尼结构做自由振动，则它的振幅会保持恒定不变。然而，实际上由于结构运动而能量耗散，振幅将逐渐减小直至振动停止。通常假定阻尼为黏滞的或正比于速度。阻尼是一种能量耗散机制，它使振动随时间减弱并最终停止，阻尼的数值主要取决于材料、运动速度和振动频率。

（2）阻尼分类

阻尼可分为黏性阻尼、滞后或固体阻尼和库仑或干摩擦阻尼。

（3）阻尼大小

大多数工程问题还是包含阻尼的，尽管阻尼可能很小。有阻尼的固有频率和无阻尼的固有频率的关系是

$$\omega_{\mathrm{d}} = \omega\sqrt{1-\xi^2} \tag{6-8}$$

式中，ω_{d} 为阻尼特征值，$\xi = \dfrac{c}{c_0}$ 为临界阻尼比，c 为该振型的阻尼，c_0 为临界阻尼。

当 ξ 较小（$\xi < 0.1$）时，阻尼系统的特征频率非常接近于无阻尼系统的相应值；当 ξ 增大时，采用无阻尼系统的特征频率就不太准确；当 ξ 接近 1 时，就不能采用无阻尼系统的特征频率了。

4. 工程结构的固有频率

工程结构在受到各种荷载条件下会发生变形，工程人员主要目的就是判定结构在变形后是否安全。因此，首要的任务就是求出结构在受力（包括动力荷载）后的变形（在不同方向的位移），然后依据结构容许的安全标准进行比较，进而据此判定是否安全。当然，变形求出，按照结构的本构方程，也可以求出各个部位受力。因此，只要能够求出结构变形，一切问题都能解决。但是，怎么才能求出在各种荷载条件下的变形呢？首先来看最简单的动态问题是在弹簧上的质量自由振动，如图 6-1 所示。

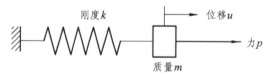

图 6-1　质量-弹簧系统

在弹簧中的内力表示为 I（$I = ku$），其中 u 就是我们要求解的变形或位移。按照目前现有的力学理论，它的动态运动方程为

$$F = kx \tag{6-9}$$

式中, F 为弹力（内力）, k 是劲度系数（ N/m ）, x 是弹簧伸长量（ m ）, 这定律叫胡克定律。

由式（6-7）或胡克定律（ $F = ma \rightarrow P - ku = m\ddot{u}$ ）可知，如果没有外力 P 作用，则质量块被移动后再释放，它将会在内力作用下自由振动；在这种情况下，如果没有阻尼也即内力 $I = Ku$ 中并不包含阻尼（如弹簧与其他物体没有摩擦并在真空中）作用，则这个质量块会匀速无限振动下去，其振动频率为

$$\omega = \sqrt{\frac{k}{m}} \qquad (6\text{-}10)$$

这个频率称为质量-弹簧系统的固有频率（ Natural Frequency ）, 单位为弧度/秒（ rad/s ）。

若以此频率施加一个动态外力，位移的幅度将剧烈增加（如荡秋千），这种现象即所谓的共振。现实情况表明，实际结构存在大量的固有频率，这些频率不一定相同。在设计结构时，应该尽量减少外部荷载作用或者尽最大可能避免外部荷载频率接近结构的固有频率，以防止出现共振现象的发生。

由此可知，在工程设计时必须要知道一个关键的问题，即工程结构本身的固有频率。通过考虑非加载结构（在动平衡方程中令 $P = 0$）的动态响应可以确定固有频率，则运动方程变为

$$M\ddot{u} + I = 0 \qquad (6\text{-}11)$$

对于无阻尼系统, $I = Ku$, 运动方程为

$$M\ddot{u} + Ku = 0 \qquad (6\text{-}12)$$

这个方程的解（位移）具有形式为

$$u = \phi e^{i\omega t} \qquad (6\text{-}13)$$

式中, ϕ 、i 、ω 、t 分别是振动响应与激励之间的相位差、相对阻尼系数、振动频率、时间。

将式（6-13）代入运动方程，得到了特征值（ Eigenvalue ）求解方程

$$K\phi = \lambda M\phi \qquad (6\text{-}14)$$

式中 $\lambda = \omega^2$ 。

该系统具有 n 个特征值，其中 n 是在工程结构或有限元模型中的自由度数目。记 λ_j 是第 j 个特征值（ $j = 1,2,\cdots,n$ ）; 它的平方根 ω_j 是结构的第 j 阶模态的固有频率（ Natural Frequency ）, 而 ϕ_j 是相应的第 j 阶特征向量（ Eigenvector ）。特征向量也就是所谓的模态（ Mode Shape ）（也称为振型），因为它是结构以第 j 阶模态振动的变形形状。

5. 模态及其具体含义

模态是结构的固有振动特性，每一个固有频率就是一个模态，模态也可叫作振型。一个结构中可能有很多个模态，每一个模态具有特定的模态参数，包括固有频率、模

态质量、模态向量、模态刚度和模态阻尼等。振动模态是弹性结构的固有的、整体的特性。如果能够搞清楚结构物在某一易受影响的频率范围内各阶主要模态的特性（由模态参数决定），就可能预言结构在此频段内在外部或内部各种振源作用下实际振动响应。这些模态参数可以由计算或试验分析取得，这样一个计算或试验分析过程称为模态分析。这个分析过程如果是由有限元计算的方法取得的，则称为计算模态分析；如果通过试验将采集的系统输入与输出信号经过参数识别获得模态参数，称为试验模态分析。通常，模态分析都是指试验模态分析。模态分析是结构动态设计及设备故障诊断的重要方法。

6.2 简单的动力学实例分析

如图 6-2 所示，杆件截面为 0.3 m × 0.3 m 的正方形，长度为 2 m，一端自由，一端固定，在模型四周限制侧向位移，即满足一维条件。弹性模量 E = 207 GPa，泊松比 ν = 0.3，密度 ρ = 7.8 g/cm^3。杆件自由端承受冲击荷载 150 kPa，持续时间为 3.88 × 10^{-5} s，如图 6-3 所示。

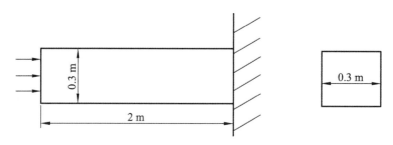

图 6-2 杆件结构与尺寸（正视图和侧视图）

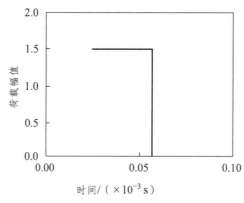

图 6-3 冲击荷载时程

本例采用 ANSYS LS-DYNA 系统进行分析，从总体看，LS-DYNA 仅为一个求解器，必须运用其他软件作为前后处理器。LS-DYNA 操作方式有两种：一是图形用户界面（GUID）操作方式；二是 APDL（ANSYS Parametric Design Language）编程方式。下面先了解第一种方式，第二种方法将在后面进行说明。

1. 定义单元类型

Main Menu>Preprocessor>Element Type>Add/Edit/Delete，出现一个对话框，单击 Add，又出现一个对话框，在对话框左面的列表栏中选择 Structural Beam，在右面的列表栏中选择 2D elastic 3，单击 Apply，在对话框左面的列表栏中选择 Structural Mass，在右边选择 3D mass 21，单击 OK，在单击 Options，弹出对话框，设置 K3 为 2-D W/O rot iner，单击 OK，再单击 Close。

2. 设置实常数

Main Menu>Preprocessor>Real Constants>Add/Edit/Delete，出现对话框，单击 Add，又弹出对话框，选择 Type1 BEAM3，单击 OK，又弹出对话框，输入 AREA 为 1，IZZ = 800.6，HEIGHT = 18，单击 OK，再单击 Add，选择 Type 2 MASS21，单击 OK，设置 MASS 为 0.0215，单击 OK，再单击 Close。

3. 定义材料属性

Main Menu>Preprocessor>Material Props>Material Modls，出现对话框，在 Material Models Available 下面的对话框中，双击打开 Structural>Linear>Elastic>Isotropic，又出现一个对话框，输入弹性模量 EX = 2e5，泊松比 PRXY = 0，单击 OK，单击 Materal>Exit。

4. 建立模型

（1）创建节点：依次单击 Main Menu>Preprocessor>Modeling>Create>Nodes>In Active CS，在弹出对话框中，依次输入节点的编号 1，节点坐标 x = 0，y = 0，然后单击 Apply，输入节点编号 2，节点坐标 x = 450/2，y = 0，然后单击 Apply，输入节点编号 3，节点坐标 x = 450，y = 0。单击 OK。

（2）创建单元：依次单击 Main Menu>Preprocessor>Modeling>Create>Elements >Auto Numbered>Thru Nodes，弹出拾取框，拾取节点 1 和 2，2 和 3，单击 OK。

（3）指定单元实常数：Main Menu>Preprocessor>Modeling>Crcatc>Elements> Elem Attributes，弹出对话框，设置 TYPE 为 2，REAL 为 2，单击 OK。

（4）创建单元：依次单击 Main Menu>Preprocessor>Modeling>Create>Elements >Auto Numbered>Thru Nodes，弹出拾取框，拾取节点 2，单击 OK。

5. 定义分析类型

Main Menu>Solution>Analysis Type>New Analysis，弹出对话框，选择 Trasiernt，单击 OK，又弹出对话框，选择 Reduced，单击 OK。

6. 设置分析选项

Main Menu>Solution>Analysis Type>Analysis Options，弹出对话框，单击 OK。

7. 定义主自由度

Main Menu> Solution> Master DOFs> User Selected> Define，弹出拾取框，拾取节点 2，单击 OK，弹出对话框，选择 Lab1 为 UY。

8. 指定载荷选项

Main Menu>Solution>Load Step Opts >Time/Frequenc>Time-Time Step ，弹出对话框，输入 DELTIM 时间步大小为 0.004，单击 OK。

9. 定义阻尼

Main Menu>Solution>Load Step Opts >Time/Frequenc>Damping，弹出对话框，输入 ALPHAD 为 8，单击 OK。

10. 施加第一个载荷步

（1）施加约束位移：依次单击 Main Menu>Solution>Define lodes>Apply>Structural>Displacement>On Node，出现拾取框，拾取节点 3，单击 OK，又弹出一对话框，选择 ALL DOF，单击 Apply，弹出拾取框，拾取节点 1，单击 OK，弹出对话框，选择 UY，单击 OK。

（2）施加集中力：Main Menu>Solution>Define lodes>Apply>Structural>Force/Moment>On Nodes，弹出拾取框拾取节点 2，单击 Apply，弹出对话框，选择 Lab 为 FY，输入 VALUE 为 0，单击 OK。

（3）结果输出控制：Main Menu>Solution>Load Step Opts >Output Ctrls>Solu Printout 弹出对话框，选择 Every Substep，单击 OK。

（4）载荷步输出：Main Menu>Solution>Load Step Opts>Write LS File，弹出对话框，输入 LSNUM 为 1，单击 OK。

11. 施加第二个载荷步

（1）Main Menu>Solution>Load Step Opts >Time/Frequenc>Time-Time Step ，弹出对话框，输入 TIME 载荷步结束时间为 0.075，单击 OK。

（2）施加集中力：Main Menu>Solution>Define lodes>Apply>Structural>Force/Moment>On Nodes，弹出拾取框拾取节点 2，单击 Apply，弹出对话框，选择 Lab 为 FY，输入 VALUE 为 20，单击 OK。

（3）载荷步输出：Main Menu>Solution>Load Step Opts>Write LS File，弹出对话框，输入 LSNUM 为 2，单击 OK。

12. 施加第三个载荷步

（1）Main Menu>Solution>Load Step Opts >Time/Frequenc>Time-Time Step ，弹出对话框，输入 TIME 载荷步结束时间为 1，单击 OK。

（2）载荷步输出：Main Menu>Solution>Load Step Opts>Write LS File，弹出对话框，输入 LSNUM 为 3，单击 OK。

13. 进行求解

依次单击 Main Menu>Solution>Solve>From LS Files，弹出对话框，输入 LSMIN 为 1，LSMAX 为 3，然后单击对话框上的 OK，求解运算开始运行，直到屏幕上出现一个"Solution is done"的信息窗口，这时表示计算结束，单击 Close 关闭提示框。

14. 利用 POST26 观察缩减法结果

（1）Main Menu >TimeHist Posproc>Defein Variables，弹出对话框，单击 Add，弹出对话框，单击 OK，弹出拾取框，拾取节点 2，单击 OK，弹出对话框，输入 Name 为 UY_2，选择 Item comp Data item 为 DOF Solution 和 Translation UY，单击 OK。

（2）画曲线：Main Menu >TimeHist Posproc>Graph Variables，弹出对话框，输入 NVAR1 为 2，单击 OK。节点 2 位移-时间曲线如图 6-4 所示。

15. 扩展处理

（1）Main Menu>Solution>Analysis Type>Expansion Pass，弹出对话框，选择 EXPASS 为 on，单击 OK。

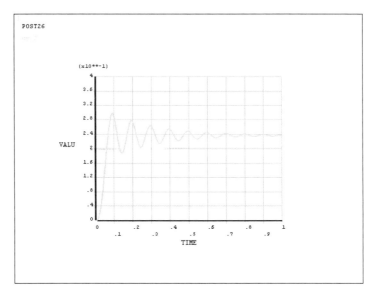

图 6-4 节点 2 位移-时间曲线

（2）Main Menu>Solution>Load Step Opts> ExpansionPass>Ingle Expand>By Time/Freq Step，弹出对话框，设置 TIMFRQ 为 0.092，单击 OK。

（3）求解：Main Menu>Solution>Solve>Current LS，出现一个信息提示窗口和对话框，首先要浏览信息输出窗口上的内容，确认无误后，单击 File>Close，然后单击对话框上的 OK，求解运算开始运行，直到屏幕上出现一个"Solution is done"的信息窗口，这时表示计算结束，单击 Close。

16. 利用 POST1 观察结果

Main Menu >General Postproc>Read Results>First Set。

Main Menu >General Postproc>Deformed Shape 弹出对话框，选择 Def + unformed，单击 OK，生成系统在 0.092s 时总的变形如图 6-5 所示。

```
DISPLACEMENT

STEP=1
SUB =1
TIME=.092
DMX =.297107
```

图 6-5　结构的变形

6.3　动力问题分析方法

6.3.1　动力问题分析基本方法

根据结构受力变形可知，如果能够计算得出在综合内外荷载条件下结构变形，则其他物理量都好求了。从式（6-3）可以看出，关键就是要求出位移 u，其运动方程的求解方法主要包括直接积分法（Direct Integration）和模态叠加法（Mode Superposition）两大类，如图 6-6 所示。直接积分法分为隐式算法（Implicit）及显式算法（explicit）两类方法，其中隐式算法又可分成完全法和缩减法。模态叠加法也可以分成完全法和缩减法。

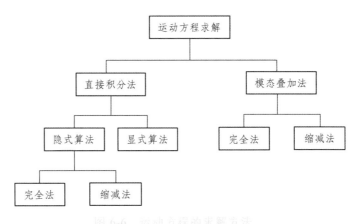

图 6-6 运动方程的求解方法

6.3.2 直接积分法

从式（6-3）中可以看出，关键的关键就是如何求出位移 u，如果能够解得加速度 $\ddot{u}$，则可以积分得到速度 $\dot{u}$，进而可以积分得到 u。由待解的方程可知，方程包含了 n（自由度个数）个联立的二阶常微分方程式，可以将它化成 $2n$ 个一阶的常微分方程式，然后直接积分去解变位 x，这就是直接积分法的基本构想。当在进行直接积分时，有很多方法可以利用，但可以归纳成隐式算法和显式算法两类方法。

显式求解方法也称为闭式求解法或预测求解法，积分时间步（Dt）必须很小，但求解速度很快（没有收敛问题），可用于波的传播，冲击载荷和高度非线性问题，ANSYS-LS/DYNA 就是使用这种方法，求解过程中可以随时打断求解，查看求解结果。

隐式求解法也可称为开式求解法或修正求解法，积分时间步（Dt）可以较大，但方程求解时间较长（因为有收敛问题），求解过程不能打断，必须求解到结束后才能查看结果，如果不能收敛则求解得不到结果。隐式算法则可以容许较大的积分时间步长，但是对于短暂的冲击、高度非线性问题的分析则常有收敛的困难。

6.3.3 模态叠加法

1. 模态叠加的本质

模态叠加法通过对模态分析得到的若干个振型（特征值，如振动幅值）乘上因子（各个不同方向的波对同一结构的影响权重不同），并叠加求和来计算结构的响应。

2. 模态叠加计算

模态叠加具体计算可以由它的各个模态振型线性叠加，即

$$x = C_1 M_1 + C_2 M_2 + C_3 M_3 + \cdots + C_n M_n \tag{6-15}$$

式中，x 为结构总响应；$M_1, M_2, M_3, \cdots, M_n$ 为个模态；$C_1, C_2, C_3, \cdots, C_n$ 为模态的影响因子。

值得注意的是，模态叠加法只能求解线性的问题，因为无论是模态分析或是式（6-15）的本质都是线性的。

在线性结构的条件下，一般而言模态叠加法比直接积分法更有效率，尤其是在做线性叠加时可以选择只利用前面几个（如前三阶）模态振型，因为通常越高频的模态形状所扮演的角色就越不重要。另外，模态叠加法允许指定振型阻尼（阻尼系数为频率的函数），使用起来非常方便。

3. 模态叠加的优缺点

模态叠加法的优点主要有三个方面：一是比缩减法或完全法更快开销更小，二是可以把模态分析中施加的单元载荷直接引入到瞬态分析中，三是允许考虑模态阻尼（阻尼比作为振型号的函数）。

模态叠加法的缺点主要有整个瞬态分析过程中时间步长必须保持恒定（不允许采用自动时间步长），不能施加强制位移（非零）。

6.3.4 缩减法

缩减法通过采用主自由度及缩减矩阵压缩问题规模，就是把一个大型的方程式缩减为一个比较小型的方程式，即可以忽略某些非主要因素从而达到简化计算的目的。

一般而言缩减法因减少了许多工作量而比完全法快且开销小，所需要的计算时间及计算机内存会大大减少。它的缺点主要有以下几个方面：

（1）缩减法只适用于线性分析，因为它控制方程式假设是线性的。

（2）缩减法是针对线性静力分析的问题而发展出来的，对线性静力分析而言是一个很好的方法，并没有引进任何假设，所以不会引进任何额外的误差。但是动力学的平衡方程式在静力分析方程的基础上还需加上惯性力和阻尼力两项，求解过程只是一个近似的计算。总而言之，缩减法对动学力求解而言是一个近似的方法，这个方法会产生一定的误差。

（3）初始解只计算主自由度的位移，第二步进行扩展计算，得到完整空间上的位移、应力和力。

（4）不能施加单元载荷（压力，温度等），但允许施加加速度。

（5）所有载荷必须加在用户定义的主自由度上（限制在实体模型上施加载荷）。

（6）整个瞬态分析过程中时间步长必须保持恒定，不允许用自动时间步长。

（7）唯一允许的非线性是简单的点-点接触（间隙条件）。

6.3.5 非线性动力分析方法

由前面的介绍可以知道动力学分析中，有些方法是不适用在非线性问题的，如模态叠加法是不适用在非线性问题的；在直接积分法方面，缩减法也是不适用在非线性问题的。因此，只有直接积分法中的完全法可以解非线性的问题（不失真），包括隐式算法和显式算法。

完全法采用完整的系统矩阵计算瞬态响应（没有矩阵缩减）。它是这几种方法中功能最强的，允许包括各类非线性特性（塑性、大变形、大应变等）。

完全法的优点是容易使用且不必关心选择主自由度或振型，允许各种类型的非线性特性，采用完整矩阵且不涉及质量矩阵近似，一次分析就能得到所有的位移和应力，允许施加所有类型的载荷，如节点力、外加的（非零）位移（不建议采用）和单元载荷（压力和温度），还允许通过 TABLE 数组参数指定表边界条件。另外，允许在实体模型上施加的载荷。

完全法的主要缺点是它比其他方法开销大，计算量非常大，如果不需要进行任何非线性计算及分析，则应考虑使用另外两种方法。

6.4 模态分析及振型叠加

6.4.1 模态分析定义及其应用

模态分析是用来确定结构的振动特性的一种技术。模态分析用于确定设计结构或机器部件的振动特性（固有频率和振型），即结构的固有频率和振型，它们是承受动态载荷结构设计中的重要参数。同时，也可以作为其他动力学分析问题的起点，例如瞬态动力学分析、谐响应分析和谱分析。模态分析也是进行谱分析或模态叠加法谐响应分析或瞬态动力学分析所必需的前期分析过程。

由于结构的振动特性决定结构对于各种动力载荷的响应情况，所以在准备进行其他动力分析之前首先要进行模态分析。

6.4.2 模态（振型）叠加

在线性问题中，可以应用结构的固有频率和振型来定性它在载荷作用下的动态响应。采用振型叠加（Modal Superposition）技术，通过结构的振型组合可以计算结构的变形，每一阶模态乘以一个标量因子。在模型中的位移矢量 u 定义为 $u = \sum_{i=1}^{\infty} \alpha_i \phi_i$，其中 α_i 是振型 ϕ_i 的标量因子。这一技术仅在模拟小变形、线弹性材料和无接触条件的情况下是有效的，换句话说，即线性问题。

在结构的动力学问题中，结构的响应往往被相对较少的几阶振型控制，在计算这类系统的响应时，应用振型叠加成为特别有效的方法。考虑一个含有 10 000 个自由度的模型，对动态运动方程的直接积分将在每个时间点上同时需要联立求解 10 000 个方程。如果通过 100 个振型来描述结构的响应，则在每个时间增量步上只需求解 100 个方程。更重要的是，振型方程是解耦的，而原来的运动方程是耦合的。在计算振型和频率的过程中，开始时需要一点成本，但是在计算响应时将能节省大量的计算花费。

如果在模拟中存在非线性，在分析中固有频率会发生明显的变化，因此振型叠加法将不再适用。在这种情况下，只能要求对动力平衡方程直接积分，它所花费的时间比振型分析昂贵得多。

必须具备下列特点的问题才适合进行线性瞬态动力分析：

（1）系统应该是线性的：线性材料行为，无接触条件，以及没有非线性几何效应。

（2）响应应该只受相对少数的频率支配。当在响应中频率的成分增加时，诸如打击和碰撞的问题，振型叠加技术的效率将会降低。

（3）载荷的主要频率应该在所提取的频率范围之内，以确保对载荷的描述足够精确。

（4）应用特征模态，应该精确地描述由于任何突然加载所产生的初始加速度。

（5）系统的阻尼不能过大。

6.5 瞬态动力分析及其步骤

6.5.1 定义和目的

瞬态动力学分析（亦称时间历程分析）是用于确定任意的随时间变化的动力载荷（例如爆炸）作用下结构响应的技术和方法。具体而言，可以用瞬态动力学分析方法确定结构在稳态载荷、瞬态载荷和简谐载荷的随意组合作用下的随时间变化的位移、应变、应力及力。载荷和时间的相关性使得惯性力和阻尼作用比较重要。如果可以不考虑惯性力和阻尼的作用，就可以用静力学分析代替瞬态分析。瞬态分析的输入数据是作为时间函数的载荷，输出数据是随时间变化的位移和其他的导出量，如应力和应变。瞬态动力分析可以应用在以下设计中：承受各种冲击载荷的结构，如爆炸、汽车中的门和缓冲器、建筑框架以及悬挂系统等；承受各种随时间变化载荷的结构，如桥梁、地面移动装置以及其他机器部件；承受撞击和颠簸的家庭和办公设备，如移动电话、笔记本电脑和真空吸尘器等。

6.5.2 瞬态动力学模拟分析步骤

在此，以 LS-DYNA 为例进行说明。

进行瞬态动力学分析的方法主要有：FULL（完全法）、Reduced（缩减法）和 Mode Superposition（模态叠加法）。书上介绍的一般都是 FULL 法，其分析过程主要有以下 8 个步骤：

（1）前处理（建立模型和划分网格）；

（2）建立初始条件；

（3）设定求解控制器；

（4）设定其他求解选项；

（5）施加载荷；

（6）设定多载荷步；

（7）瞬态求解；

（8）后处理（观察结果）。

如果采用 Full 法，其具体步骤如下：

第 1 步：载入模型 Plot>Volumes。

第 2 步：指定分析标题并设置分析范畴。

（1）设置标题等，例如，Utility Menu>File>Change Title，Utility Menu>File> Change Jobname，Utility Menu>File>Change Directory。

（2）选取菜单途径 Main Menu>Preference，单击 Structure，单击 OK。

第 3 步：定义单元类型。

Main Menu>Preprocessor>Element Type>Add/Edit/Delete，出现 Element Types 对话框，单击 Add 出现 Library of Element Types 对话框，选择 Structural Solid，在右滚动栏选择 Brick 20node 95，然后单击 OK，单击 Element Types 对话框中的 Close 按钮就完成这项设置了。

第 4 步：指定材料性能。

选取菜单途径 Main Menu>Preprocessor>Material Props>Material Models。出现 Define Material Model Behavior 对话框，在右侧 Structural>Linear>Elastic>Isotropic，指定材料的弹性模量和泊松系数，Structural>Density 指定材料的密度，完成后退出即可。

第 5 步：划分网格。

选取菜单途径 Main Menu>Preprocessor>Meshing>MeshTool，出现 MeshTool 对话框，一般采用只能划分网格，点击 SmartSize，下面可选择网格的相对大小（太小的计算比较复杂，不一定能产生好的效果，一般做两三组进行比较），保留其他选项，单击 Mesh 出现 Mesh Volumes 对话框，其他保持不变单击 Pick All，完成网格划分。

第 6 步：建立初始条件。

Main Menu>Preprocessor>Loads>define loads>Apply>Initial Condition>Define，弹出 Define Initial Conditions 拾取菜单，在大端面拾取一节点，单击 OK，弹出对话框，在 Lab DOF to be specified 选择相应的方向，以及初始位移和初始速度。

第 7 步：设定求解类型和求解控制器。

Main Menu>Solution>Analysis Type>New analysis，选择 Transient，然后选择 Full，其他默认，单击 OK。

设置求解控制器：Main Menu>Solution>Analysis Type>Solution Control，弹出对话框，在 Basic 中设置时间（Time at end of loadstep）以及阶数（Number of substeps），

Automatic time stepping 下拉菜单选择 OFF，Write items to results file 选择 all solution items，在 Frequency 下选择 Write every substeps。注意：Analysis options 的设置，如果是一个新的并且忽略几何非线性（如大转动、大挠度和大应变）的影响，选择 Small Displacement Transient；如果要考虑几何非线性的影响（通常是受弯细长梁考虑大挠度或者是金属成型考虑大应变），则选择 Large Displacement Transient。

在 Nonlinear 选项中单击 Set convergence criteria，弹出对话框，单击 Replace，设置 Lab Convergence is based on，Value Reference value of Lab，以及 Tolerance about Value，其他保持默认状态，然后单击 OK。

第 8 步：设定其他求解选项。

关闭优化设置：Main Menu>Solution>Unabridged Menu>Load Opts>Solution Ctrl，弹出对话框，在【SOLCONTROL】后面选择 Off，Pressure load 后选择 Include。

设置载荷和约束类型：Main Menu>Solution>Load Step Opts>Time/Frequenc>Time and Substps，弹出对话框，[TIME]和[NSUBST]设置与第 7 步中的设置应一致，[KBC]选择 Stepped，其他默认，单击 OK。

第 9 步：施加载荷和约束（约束与模态分析以及谐响应分析一致）。

定义位移函数，并经此位移函数施加在变幅杆的大端面上，Main Menu>Solution>Apply>Functions>Define/Edit，出现 Function Editor 对话框，在 Function Type 中选择 Single equation，在（X，Y，Z）interpreted in csys 中选择 0，表示选择直角坐标系，在 Result 中输入自己所求的余弦变化的位移，然后进行保存。

选择 Main Menu>Solution>Apply>Functions>Read File，打开上述保存的文件，在 Table parameter name 中输入一个名字 W，单击 OK 就好了。

如果定义的为位移函数，直接选择 Main Menu>Solution>Define loads>Apply>Structural>Displacement>On AREA，选择相应的方向，在 Apply as 中选择 Existing table，然后选择 Apply，出现上步输入的那个名字 W，单击 OK 即可。

第 10 步：求解 Main Menu>Solution>Solve>Current LS。

第 11 步：观察结果。

进入时间历程后处理：Main Menu>TimeHist PostPro，弹出对话框，里面已有默认变量时间（Time）。

定义位移变量：与谐响应分析基本相似，单击左上角【＋】，弹出对话框，单击 Nodal Solution>DOF Solution，其中 X，Y，Z-Component of displacement，拾取小端面上的点，然后形成图形。如果没有形成图形，可先关闭 Time History Variables 对话框，然后设置坐标 1：Utility Menu>PlotCtrls>Style>Graphs>Modify Grid，弹出对话框在 [/GRID]后选择 X and Y lines，其他默认，单击 OK；设置坐标 2：Utility Menu>PlotCtrls>Style>Graphs>Modify Axes，在[/AXLAB]文本框中输入 DISP，其他默认单击 OK。

绘制变量图：Main Menu>TimeHist PostPro>Graph Variables，在 NVAR1 输入 2，NVAR2 输入 3，NVAR3 输入 4，单击 OK 就可显示出图形。

6.6 应用 DYNA 程序计算动力学问题——炸药在岩土体中的爆炸模拟

6.6.1 LS-DYNA 简介

1. 功能特点

LS-DYNA 是世界上最著名的通用显式动力分析程序，能够模拟真实世界的各种复杂问题，特别适合求解各种二维、三维非线性结构的高速碰撞、爆炸和金属成型等非线性动力冲击问题，同时也可以求解传热、流体及流固耦合问题。在工程应用领域被广泛认可为最佳的分析软件包，与试验的无数次对比证实了其计算的可靠性。

由 J.O.Hallquist 主持开发完成的 DYNA 程序系列被公认为是显式有限元程序的鼻祖和理论先导，是目前所有显式求解程序（包括显式板成型程序）的基础代码。1988年 J.O.Hallquist 创建 LSTC 公司，推出 LS-DYNA 程序系列，并于 1997 年将 LS-DYNA2D、LS-DYNA3D、LS-TOPAZ2D、LS-TOPAZ3D 等程序合成一个软件包，称为 LS-DYNA。

LS-DYNA 程序是功能齐全的几何非线性（大位移、大转动和大应变）、材料非线性（140 多种材料动态模型）和接触非线性（50 多种）程序。它以 Lagrange 算法为主，兼有 ALE 和 Euler 算法；以显式求解为主，兼有隐式求解功能；以结构分析为主，兼有热分析、流体-结构耦合功能；以非线性动力分析为主，兼有静力分析功能（如动力分析前的预应力计算和薄板冲压成型后的回弹计算）；军用和民用相结合的通用结构分析非线性有限元程序。

2. LS-DYNA 的前后处理

要注意的是，LS-DYNA 只是一种求解器，其前后处理需要借助其他软件。当使用 LS-DYNA 进行分析时，首先使用其他软件建立 CAD 模型，然后将该模型导入到 ANSYS 中划分有限元网格并由 ANSYS 生成 LS-DYNA 使用的关键字文件（文本格式），对该文件进行修改、增加或删除部分控制参数语句后，交由 LS-DYNA 软件进行数值计算。计算结束后，可以采用 ANSYS 的后处理功能或诸如 LS-PREPOST 等软件进行后处理，也可以使用 LS-DYNA 自带的后处理程序。

LS-DYNA 的前后处理非常多，例如 ANSYS、PATRAN、ETA 公司的 FEMB、TrueGrid、INGRID、HYPERMESH，新开发的后处理为 LS-POST 和 LS-PREPOST。另外，将 LS-DYNA 输出的文件进行格式转换后，AVS-EXPRESS 也可以读入，它能够生成质量更高的效果图和动画。还可进行结果的彩色等值线显示、梯度显示、矢量显示、等值面显示、粒子流迹显示、立体切片、透明及半透明显示、变形显示及各种动画显示，图形的 PS、TIFF 及 HPGL 格式输出与转换等。

6.6.2　问题描述

在岩土中有一炮孔，其孔径为 100 mm，孔深 6 m，安装炸药并引爆后，分析爆炸后岩土体的运动过程。试验侧重于对爆破作用对软弱夹层的挤压冲刷特征进行分析研究，模型各材料参数取值见表 6-1。

表 6-1　模型各材料参数取值表（建模单位制：cm、g、μs）

材料	参数								
	质量密度 R_O /(g/cm^3)	爆速 D / (m/s)	爆轰压力 $P_{c\text{-}j}$ /GPa	弹性模量 E/GPa	剪切模量 G/GPa	泊松比 PR	体积模量 K/GPa	屈服应力 $SIGY$ /GPa	切线模量 E_{TAN} /GPa
炸药 TNT	1.63	6 930	0.255	—	—	—	—	—	—
土体材料	1.84	—	—	—	1.601E-04	—	1.328E+02	—	—
砂浆材料	2.00	—	—	0.26	—	0.30	—	0.100E-02	0.400E-01

6.6.3　建模分析

数值模型由炸药、岩土和空气组成。选择三维实体单元 solid164，只是三种材料的参数不一样，网格采用六面体映射网格，采用不等间距网格划分，在炮孔部位采用小的单元尺寸以加密网格，在远离装药部位单元尺寸设置得稍大，网格较为稀疏，这样既能满足模型计算过程中不同部位的精度要求，又可降低计算运行成本，模型如图 6-7 所示。炸药、土体单元采用欧拉算法，水泥砂浆体采用拉格朗日算法。

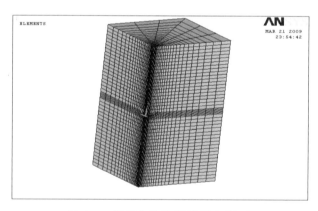

图 6-7　模拟炮孔位于模型中部

6.6.4　ANSYS 源程序（命令流文件）

ANSYS 源程序即命令流文件如下：

```
finish                              !退出以前的模块
!采用体扫掠生成体网格
/clear                              !清除系统中曾经的不相关的所有数据
!(1)设置工程属性
/FILNAM, BLASTING                   !定义工程名称
/UNITS,SI                           !采用国际单位制
/PREP7                              !进入前处理模块
!/VIEW,,1,2,3                        !设置图形显示方式
!/PLOPTS,INFO,1                      !打开全部的图例
!(2)定义单元类型、材料与实常数
et,1,solid164                       !定义炸药单元类型：三维体单元
et,2,mesh200,6                      !定义土壤单元类型：三维体单元
MP,DENS,1,0.99821                   !定义炸药材料密度
MP,EX,1,0                           !定义炸药弹性模量
MP,NUXY,1,0                         !定义炸药泊松比
TB,EOS,1,,,2,2
TBDAT,1,0
TBDAT,2,0
TBDAT,3,0
TBDAT,4,0
TBDAT,5,
TBDAT,6,
TBDAT,7,
TBDAT,8,
TBDAT,9,
TBDAT,10,
TBDAT,11,
TBDAT,12,
TBDAT,13,
TBDAT,14,
TBDAT,15,
TBDAT,16,1.647
TBDAT,17,1.921
TBDAT,18,-0.096
TBDAT,19,0
TBDAT,20,0.35
```

```
TBDAT,21,0
TBDAT,22,0
TBDAT,23,0
MP,DENS,2,1.80                          !定义土壤材料
MP,EX,2,                                !定义土壤弹性模量
MP,NUXY,2,                              !定义土壤泊松比
TB,PLAW,2,,,1,
TBDAT,1,
TBDAT,2,
TBDAT,3,
TBDAT,4,
TBDAT,5,
TBDAT,6,
TBDAT,7,
mp,dens,3,2.65
block,0,22.5,0,45,-22.5,22.5
!(3)建立实体模型
wpoff,0,5,0
cylind,0,1.58,-22.5,22.5,-90,90
vptn,all
wpoff,0,0,1$vsbw,all$wpoff,0,0,-2$vsbw,all$wpcsys,-1
lesize,39,,,20$lesize,8,,,3$lesize,40,,,3
! (4)模型网格划分
lesize,41,,,24$lesize,35,,,20$lesize,37,,,30
mshape,0
amap,25,18,19,20,21
type,1
mat,1
mshape,0,3d
mshkey,1
vsweep,2,0,0,1
!划分炸药体
type,1
mat,2
mshape,0,3d
mshkey,1
```

```
$vsweep,8,,,1
!划分软弱夹层
type,1
mat,3
mshape,0,3d
mshkey,1
vsweep,6,0,0,1$vsweep,7,0,0,1$vsweep,3,0,0,1$vsweep,4,0,0,1
!划分砂浆体
allsel$vplot
edpart,creat
!加载及求解设置
asel,s,loc,x,0,0$da,all,ux$allsel$vplot
/solve
EDENERGY,1,0,1,1
edcpu,,
edbvis,,,
time,200
edcts,,0.6
EDOPT,ADD,blank,LSDYNA
edrst,200,,
ALLSEL,ALL
EDWRITE,LSDYNA, blast.k                    !输出 dyna 计算文件}
```

6.6.5 关键字文件

LS-DYNA 是求解器,支持它的前处理器很多,如 FEMB、HYPERMESH、ANSYS、FEMAP、PATRAN 等,通过这些前处理器,把 CAD 模型转化为节点和单元这样的有限元模型,再施加边界条件、约束和载荷,最后输出一个 LS-DYNA 的递交文件,称之为关键字文件或 K 文件,为 ASCII 格式。不论使用哪种前处理器处理 LS-DYNA 的有限元建模,最终都是转化为关键字文件方式,关键字文件是由一系列的关键字组成的。在输出关键字文件后,必须对其进行适当修改。由于修改部分太长,在此仅把本例部分修改列出,具体如下:

```
$
$
$$$$$$$$$$$$$$$$$$$$$$$$$$$$$$$$$$$$$$$$$$$$$$$$$$$$$$$$$$$$$$$$$$$$$$$$$$$$$$$$
$                         SECTION DEFINITIONS                               $
```

```
$$$$$$$$$$$$$$$$$$$$$$$$$$$$$$$$$$$$$$$$$$$$$$$$$$$$$$$$$$$$$$$$$$$$$$$$$$$$$$$
$
*SECTION_SOLID_ALE
        1        11

*SECTION_SOLID_ALE
        2        11

*SECTION_SOLID
        3         0
$
$$$$$$$$$$$$$$$$$$$$$$$$$$$$$$$$$$$$$$$$$$$$$$$$$$$$$$$$$$$$$$$$$$$$$$$$$$$$$$$
$                           ALE DEFINITIONS                               $
$$$$$$$$$$$$$$$$$$$$$$$$$$$$$$$$$$$$$$$$$$$$$$$$$$$$$$$$$$$$$$$$$$$$$$$$$$$$$$$
$
*ALE_MULTI-MATERIAL_GROUP
        1         1
        2         1
$
*CONSTRAINED_LAGRANGE_IN_SOLID
        1         2         0         0         0         5         3         0
        0         0      0.15

*SET_PART_LIST
        1
        3
*SET_PART_LIST
        2
        2
*CONTROL_ALE
        2         1         2-1.0000000 0.0000000 0.0000000 0.0000000
  0.0000000 0.0000000 0.0000000
$
$
$
$$$$$$$$$$$$$$$$$$$$$$$$$$$$$$$$$$$$$$$$$$$$$$$$$$$$$$$$$$$$$$$$$$$$$$$$$$$$$$$
```

194

```
$                         MATERIAL DEFINITIONS                          $
$$$$$$$$$$$$$$$$$$$$$$$$$$$$$$$$$$$$$$$$$$$$$$$$$$$$$$$$$$$$$$$$$$$$$$$$$$$$
$
*MAT_HIGH_EXPLOSIVE_BURN
1,1.63,0.693,0.255,0.000E+00
*EOS_JWL
1,3.71,7.430E-02,4.15,0.950,0.300,7.000E-02,1
$
*INITIAL_DETONATION
        1       0.00      0.00      0.00      0.00
$
*MAT_SOIL_AND_FOAM
        2       1.94 1.601E-04    2.5E-04 3.300E-11      0.0       0.0       0.0
      0.0        0.0
      0.0      0.050     0.090      0.11      0.15      0.19      0.21      0.22
     0.25       0.30
      0.0   4.50E-06 4.530E-06 6.760E-06 1.270E-05 2.080E-05 2.710E-05 3.920E-05
 5.660E-05 1.230E-04
$
*MAT_PLASTIC_KINEMATIC
        3       2.45 4.000E-01   0.300000 0.100E-02 0.400E-01     0.500
     0.00       0.00     0.800
$
$
$
$$$$$$$$$$$$$$$$$$$$$$$$$$$$$$$$$$$$$$$$$$$$$$$$$$$$$$$$$$$$$$$$$$$$$$$$$$$$
$                          PARTS DEFINITIONS                           $
$$$$$$$$$$$$$$$$$$$$$$$$$$$$$$$$$$$$$$$$$$$$$$$$$$$$$$$$$$$$$$$$$$$$$$$$$$$$
$
$
*PART
Part            1 for Mat         1 and Elem Type        1
        1          1         1         1        0         0        0
$
*PART
Part            2 for Mat         2 and Elem Type        2
```

	2	2	2	0	0	0	0
$							
*PART							
Part		3 for Mat		3 and Elem Type		3	
	3	3	3	0	0	0	0
$							
$							

6.6.6 求解及结果分析

将在 ANSYS 界面下完成并输出的 K 文件提交给 LS-DYNA 计算，计算完毕后进入 LS-PREPOST 进行后处理分析。

1. 爆炸扩腔过程分析

爆炸扩腔过程如图 6-8 和图 6-9 所示。

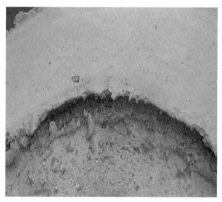
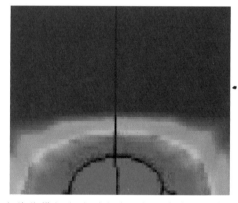

（a）试验空腔形态　　　　　（b）数值模拟空腔形态（红色区域为爆炸产物）

图 6-8　爆后空腔形态

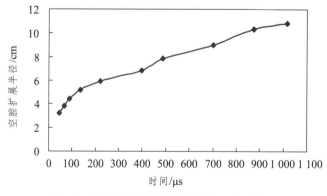

图 6-9　空腔扩展半径随时间的变化曲线

从图 6-9 爆炸作用过程中空腔扩展半径随时间的变化曲线可以看出,在 0 ~ 200 μs 内空腔扩展速率得到很大提高,在之后空腔经过一段时间的稳定扩展后扩腔速率逐渐衰减并形成最终的爆后空腔区域。

2. 软弱夹层充填物运动时程分析

炸药爆炸的瞬间由于爆生气体产物体积急剧膨胀,会对周围的软弱夹层土产生强烈的冲击力,夹层土在该冲击力的作用下在瞬间因获得很大的动能而向四周挤压膨胀。节点分布图及 x 向速度时程曲线如图 6-10 所示。

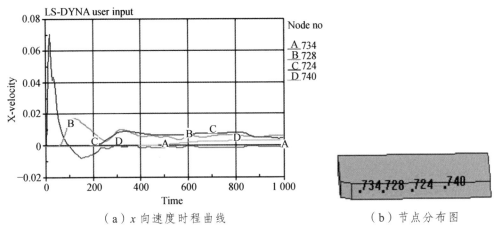

(a) x 向速度时程曲线 (b) 节点分布图

图 6-10　节点分布图及 x 向速度时程曲线

6.7　应用 FLAC 程序计算动力学问题

6.7.1　问题的提出及描述

FLAC / FLAC3D 可以进行非线性动力反应分析,而且具有强大的动力分析功能。本节以 FLAC3D 为例,对动力分析过程中的边界条件、阻尼形式、荷载要求等进行分析,并结合实例说明计算方法。

如图 6-11 所示,土体的深度为 15 m,挡土墙的高度为 10 m,宽度为 1 m,土体与挡土墙结构的模量差异较大,约为 20 倍。动力荷载按正弦波形式从模型底部输入,动力荷载采用正弦函数,采用 FISH 函数的方法进行定义,可以方便修改荷载的频率(freq)、幅值。试分析在不考虑重力的影响下挡土墙在受到动力荷载影响时的响应变化。在此要说明的是,此例仅为说明问题分析步骤,挡土墙几何尺寸及其强度参数均可改变。

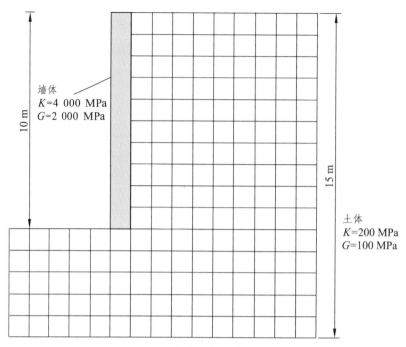

墙体
K=4 000 MPa
G=2 000 MPa

10 m

15 m

土体
K=200 MPa
G=100 MPa

图 6-11　挡土墙形状与尺寸

6.7.2　创建初始几何模型、划分网格

首先进入 FLAC3D 分析系统，如图 6-12 所示。

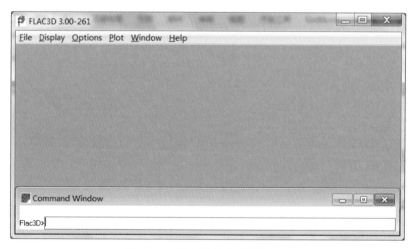

图 6-12　FLAC3D 分析系统

进入系统后，重置系统，进行新的分析，在 Command Window 的输入框中输入命令 new 并回车。

new　　　　　　　;重置系统，进行新的分析。

输入调用动态分析模块命令。

config　dynamic　　　　　　　　;调用动力计算模块，打开动力计算功能。

生成网格模型，输入如下命令，会生成如图 6-13 所示的 15×10×15 网格模型。

gen zone brick size 15 10 15

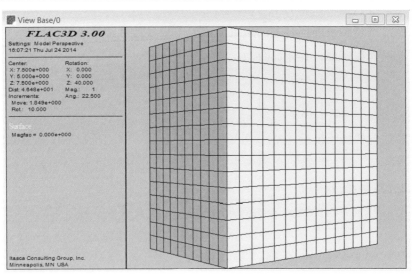

图 6-13　15×10×15 的网格模型

输入如下命令，完成挡土墙网格模型，如图 6-14 所示。

mod null range x=0,5 z=5,15　　　　　　　　　;删除部分网格。

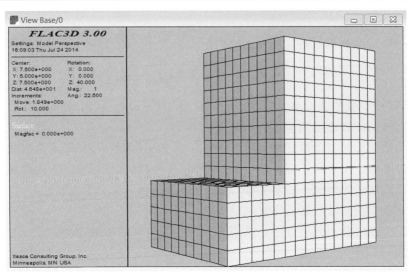

图 6-14　挡土墙网格模型

到此为止，基本完成了挡土墙的几何模型并划分了网格。

6.7.3　定义材料模型及参数

1. 定义材料模型

FLAC3D 的动力计算中可用材料模型有许多，如弹性模型、Mohr-Coulomb 模型，在实际计算中可以采用任意的本构模型来进行动力分析，其计算参数对应静力本构模型的参数，重点是必须确定合理的阻尼形式、阻尼参数和边界条件。

本例选用弹性模型，具体命令为：

model　elastic	;选用弹性模型。

2. 定义材料参数

材料参数包括杨氏模量（K）、切变模量（G）、c、φ、抗拉强度和剪胀角，根据选用的材料模型，有的参数可以不考虑。

prop bulk 2e8 shear 1e8	;设置土体参数。
prop bulk 4e9 shear 2e9 range x=5,6 z=5,15	;设置墙体参数（土体参数的 20 倍）。

6.7.4　动力加载及边界条件

利用 FLAC3D 进行动力计算时，必须考虑动力荷载和边界条件、力学阻尼以及模型中波的传播，这是动力分析的一个重点要注意的部分。

1. 动力荷载的类型与施加方法

（1）动力荷载类型

FLAC3D 可以模拟材料受到外部或内部动力作用下的反应，其荷载类型包括加速度、速度、应力（压力）以及集中力等时程。

（2）施加方法

采用 APPLY 命令进行动力荷载施加到模型，也可以用 APPLY Interior 命令把加速度、速度和力的时程施加到模型内部的节点上。

动力荷载施加的具体形式主要有 2 种：一是 FISH 函数。FISH 函数表达的动力荷载往往比较规则，也常用于试算阶段的动力输入，因为试算时可以不用过多考虑荷载的频率、基线校正等问题；二是 TABLE 命令定义的表。常用于离散的动力荷载输入，包括地震波、实测振动数据、不规则动力输入等。

本例仅为说明动力分析方法，采用第一种较为简单的加载方法。

def setval	;定义动荷载中的变量赋值。
freq = 1.0	;频率 f。
amplitude =2	;动荷载正弦波的幅值。
omega = 2.0 * pi * freq	;$\omega = 2\pi / T = 2\pi f$。

```
      end
setval                                      ; 调用后执行变量赋值。
def wave                                    ; 定义动荷载函数。
      wave = amplitude *sin(omega * dytime)  ; 定义动荷载变量——正弦函数。
end
apply xvel = 1 hist wave range z=-.1 .1      ; 在挡土墙底部施加水平方向动荷载。
apply zvel = 0 range z=-.1 .1                ; 不在挡土墙底部施加竖直方向动荷载。
```

2. 边界条件的设置

FLAC3D 中提供了静态（黏性）边界和自由场边界两种边界条件。

（1）静态边界

FLAC3D 中允许采用静态边界（也称黏性边界、吸收边界）条件来吸收边界上的入射波。FLAC3D 中的静态边界具体做法是在模型的法向和切向分别设置自由的阻尼器从而实现吸收入射波的目的，阻尼器提供的法向和切向黏性力分别为式（6-16）和（6-17）。

$$t_n = -\rho C_P v_n \tag{6-16}$$

$$t_s = -\rho C_S v_s \tag{6-17}$$

式中，v_n、v_s 分别为模型边界上法向和切向的速度分量，ρ 为介质密度，C_P、C_S 分别为 P 波和 S 波的波速。

这种静态边界对于入射角大于 30°的入射波基本能够完全吸收，对于入射角较小的波，比如面波，虽然仍有一定的吸收能力，但吸收不完全。静态边界可以加在整体坐标系上，也可以加载在倾斜边界的法向和切向上。如果在倾斜边界的法向和切向施加静态边界，则需要同时使用 nquiet，dquiet，squiet 条件。

整体坐标系的静态边界条件设置使用命令为：

```
APPLY xquiet (yquiet, zquiet) range ...
```

使用倾斜边界上的静态边界条件命令为：

```
APPLY nquiet dquiet squiet range ...
```

（2）自由场边界

自由场地边界（FF 边界）在动力分析中经常采用，它的原理是采用黏滞阻尼器来模拟静止边界，将自由场节点的不平衡力加到主体的网格边界上。注意：模型底部的动力边界条件应当在施加 app ff 命令之前设置，施加 app ff 命令之后，底部的边界条件就自动转为自由场地边界。自由场网格与主体网格的耦合黏性阻尼器，自由场网格的不平衡力施加到主体网格边界上。

当动态源在一个网格内时，静态边界是最适用的。当动态源在顶部或底部施加为一个边界条件时，应该采用自由场边界条件，因为这种情况采用静态边界条件会使波的能量从这些边上"泄露"出去。综上所述，在本例模型的周边设置的是动态边界。

```
ffix z range x=-.1 .1                        ;固定底边界。
fix z range x=-.1 .1 z=.1 5.1                 ;固定挡土墙底部以下左侧边界。
fix z range x=14.9,15.1 z=.1 15.1            ;固定模型右侧边界。
fix y range y=-.1 .1                          ;固定模型前侧边界。
fix y range y=9.9 10.1                        ;固定模型后侧边界。
apply ff                                      ;施加自由场边界条件。
group ff_corner
group ff_side      ran x 0 15
group ff_side      ran y 0 10
group main_grid ran x 0 15 y 0 10
```

3. 力学阻尼

阻尼的产生主要来源于材料的内部摩擦以及可能存在的接触表面的滑动，FLAC3D 动力计算提供了三种阻尼形式供用户选择，分别是瑞利阻尼、局部阻尼和滞后阻尼。在此主要对比较常用的瑞利阻尼（Rayleigh Damping）进行分析和说明。

（1）瑞利阻尼的两个参数

设置瑞利阻尼的命令为：

SET dyn damp rayleigh 参数 1 参数 2

最小临界阻尼比 $\xi_{\min}$（参数 1）和最小中心频率 $\omega_{\min}$（参数 2），可以按照式（6-18）进行计算。

$$\begin{aligned}\xi_{\min} &= (\alpha \cdot \beta)^{1/2} \\ \omega_{\min} &= (\alpha / \beta)^{1/2}\end{aligned} \qquad (6\text{-}18)$$

（2）瑞利阻尼参数选择

对于简单的模型，可以采用自振频率作为瑞利阻尼的中心频率，这需要对模型进行无阻尼的自振计算。自振频率的计算要求设置正确的边界条件，不设置阻尼，在重力作用下求解一定的步数，使模型产生振荡，分析模型中关键节点的响应（包括速度、位移随动力时间的变化曲线）。具体的求解步数可以根据输出结果，至少完成一个或几个周期的振荡，从而确定自振频率的大小。

挡土墙自振频率的计算程序如下：

```
new
config dynamic
gen zone brick size 15 10 15
model e
mod null range x=0,5 z=5,15                   ;删除部分网格。
prop bulk 2e8 shear 1e8                       ;设置土体参数。
```

```
ini dens 2000
fix z range z -0.01 0.01                ; 固定底边界。
set dyna on
set grav 0 0 -10
hist unbal
hist dytime
hist gp zvel 10 5 10
hist gp zdis 10 5 10
;plot bcon szz
plot add hist 1 red
solve age 1
```

从计算图中可以获得挡土墙自振频率。对于岩土体阻尼比的确定，一般直接选取0.5%即可。

本例的力学阻尼设置命令为：

```
set dyn damp rayleigh 0.005 4          ; 设置瑞利阻尼参数。
```

6.7.5 记录采样设置并求解

1. 设置监测变量

分别在挡土墙底部及顶部设置 3 个监测点，以了解其水平及竖向速度变化。具体命令为：

```
hist gp xvel 5,5,0                     ;监测挡土墙底部水平(x 方向)振动速度。
hist gp xvel 5,5,10                    ;监测挡土墙顶部水平(x 方向)振动速度。
hist gp zvel 5,5,10                    ;监测挡土墙顶部竖向(z 方向)振动速度。
```

2. 求 解

具体命令为：

```
set dyn multi on                      ;土体与墙体刚度差异较大，设置动态多步。
solve age=2.0                         ;动力时间限制为 2.0 后求解。
```

6.7.6 结果分析

1. 绘图显示监控变量的变化值

采用以下命令，在窗口显示记录采样结果。

```
plot his 1 2 3
```

2. 结果及分析

计算结果如图 6-15 所示。

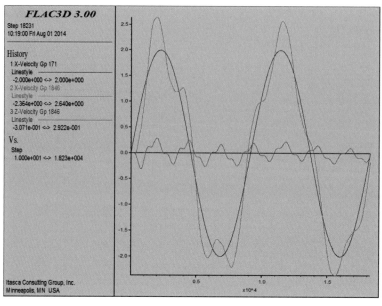

图 6-15　计算结果

图 6-15 中显示，挡土墙底部水平（x 方向）振动速度最大为 2.0 cm/s，挡土墙顶部水平（x 方向）振动速度最大为 2.64 cm/s，有一定的放大效应，而挡土墙顶部竖向（z 方向）振动速度最大为 0.3071 cm/s，比较小。因此，挡土墙主要受到水平方向振动影响。

FLAC 源程序如下：

```
;1. 重置系统并调用动力计算模块
new                                        ;重置系统，进行新的分析。
config  dynamic                            ;调用动力计算模块，打开动力计算功能。
;2. 建立网格模型
gen zone brick size 15 10 15               ;生成 15×10×15 网格模型。
;3. 定义材料模型及参数
mod elas                                   ;选用弹性模型。
mod null range x=0,5 z=5,15                ;删除部分网格。
prop bulk 2e8 shear 1e8                    ;设置土体参数。
prop bulk 4e9 shear 2e9 range x=5,6 z=5,15 ;设置挡土墙墙体参数。
;4. 动力加载
;---挡土墙底部受到外部动力荷载作用---
def setval                                 ;定义动荷载中的变量赋值。
```

```
    freq = 1.0                                    ;频率 f。
    amplitude =2                                  ;动荷载正弦波的幅值。
    omega = 2.0 * pi * freq                       ;ω = 2π/T = 2πf。
  end
setval                                            ;调用后执行变量赋值。
def wave                                          ;定义动荷载函数。
    wave = amplitude *sin(omega * dytime)         ;定义动荷载变量——正弦函数。
end
apply xvel = 1 hist wave range z=-.1 .1           ;挡土墙底部施加水平方向动荷载。
apply zvel = 0 range z=-.1 .1                     ;在挡土墙底部竖直方向动荷载为0。
;5. 初始条件
ini dens 2000                                     ;设置密度。
;6. 边界条件
fix z range x=-.1 .1                              ;固定底边界。
fix z range x=-.1 .1 z=.1 5.1                     ;固定挡土墙底部以下左侧边界。
fix z range x=14.9,15.1 z=.1 15.1                 ;固定模型右侧边界。
fix y range y=-.1 .1                              ;固定模型前侧边界。
fix y range y=9.9 10.1                            ;固定模型后侧边界。
apply ff                                          ;施加自由场边界条件。
group ff_corner
group ff_side     ran x 0 15
group ff_side     ran y 0 10
group main_grid ran x 0 15 y 0 10
;7. 采用瑞利阻尼
set dyn damp rayleigh 0.005 4                     ;设置瑞利阻尼参数。
;8. 设置监测点
hist gp xvel 5,5,0                                ;监测挡土墙底部水平(x方向)振动速度。
hist gp xvel 5,5,10                               ;监测挡土墙顶部水平(x方向)振动速度。
hist gp zvel 5,5,10                               ;监测挡土墙顶部竖向(z方向)振动速度。
sct dyn time = 0                                  ;设置动力计算从0 s开始。
set dyn multi on            ;土体与墙体刚度差异大,设置动态多步以缩短计算时间。
solve age=2.0                                     ;动力时间限制为2.0后求解。
plot his 1 2 3                                    ;在窗口显示记录采样结果。
```

参考文献

[1] FREDLUND D G, RAHARDJO H. 非饱和土力学[M]. 陈仲颐, 张在明, 陈愈炯, 等, 译. 北京: 中国建筑工业出版社, 1997.

[2] 陈丽刚. 基于 ABAQUS 渗流与应力耦合作用的边坡稳定性分析[D]. 郑州: 郑州大学, 2010.

[3] 陈明, 卢文波, 舒大强, 等. 爆破振动作用下边坡极限平衡分析的等效加速度计算方法[J]. 岩石力学与工程学报, 2009, 28 (04): 784-790.

[4] 陈育民, 徐鼎平. FLAC/FLAC3D 基础与工程实例[M]. 2 版. 中国水利水电出版社, 2013.

[5] 代汝林, 李忠芳, 王姣. 基于 ABAQUS 的初始地应力平衡方法研究[J]. 重庆工商大学学报 (自然科学版), 2012.

[6] 丁秀美. 西南地区复杂环境下典型堆积 (填) 体斜坡变形及稳定性研究[D]. 成都: 成都理工大学, 2005.

[7] 费康, 张建伟. ABAQUS 在岩土工程中的应用[M]. 北京: 中国水利水电出版社, 2010.

[8] 冯君, 周德培, 江南, 等. 微型桩体系加固顺层岩质边坡的内力计算模式[J]. 岩石力学与工程学报, 2005, 025 (002): 284-288.

[9] 冯君. 顺层岩质边坡开挖稳定性及其支护措施研究[D]. 成都: 西南交通大学, 2005.

[10] 傅鹤林. 岩土工程数值分析新方法[M]. 长沙: 中南大学出版社, 2006.

[11] 高金石, 张继春. 爆破破岩机理动力分析[J]. 金属矿山, 1989 (09): 7-12.

[12] 龚晓南. 对岩土工程数值分析的几点思考[J]. 岩土力学, 2011 (02): 321-325.

[13] 官威名. 基于点安全系数法的抗滑桩桩位确定方法研究[D]. 成都: 西南交通大学, 2014.

[14] 管晓明, 聂庆科, 李华伟, 等. 隧道爆破振动下既有建筑结构动力响应及损伤研究综述[J]. 土木工程学报, 2019, 52 (S1): 151-158.

[15] 郭德勇,赵杰超,吕鹏飞,等.煤层深孔聚能爆破动力效应分析与应用[J].工程科学学报,2016,38(12):1681-1687.

[16] 何志勇.点安全系数法在滑坡稳定分析及支护设计中的应用[D].成都:西南交通大学,2012.

[17] 胡英国,卢文波,金旭浩,等.岩石高边坡开挖爆破动力损伤的数值仿真[J].岩石力学与工程学报,2012,31(11):2204-2213.

[18] 蒋楠,周传波.爆破振动作用下既有铁路隧道结构动力响应特性[J].中国铁道科学,2011,32(06):63-68.

[19] 康景文,毛坚强,郑立宁,等.基于工程实践的大直径素混凝土桩复合地基技术研究[J].岩土力学,2019(S1):188.

[20] 孔祥言.高等渗流力学[M].合肥:中国科学技术大学出版社,1999.

[21] 寇晓东,周维垣,杨若琼.FLAC-3D进行三峡船闸高边坡稳定分析[J].岩石力学与工程学报,2001(01):6-10.

[22] 蓝航.基于FLAC^{3D}的边坡单元安全度分析及应用[J].中国矿业大学学报,2008,37(4):570-574.

[23] 李安洪,周德培,冯君.顺层岩质路堑边坡破坏模式及设计对策[J].岩石力学与工程学报,2009,28(A01):2915-2921.

[24] 李春忠,陈国兴,樊有维.基于ABAQUS的强度折减有限元法边坡稳定性分析[J].防灾减灾工程学报,2006(02):207-212.

[25] 李云鹏,艾传志,韩常领,等.小间距隧道爆破开挖动力效应数值模拟研究[J].爆炸与冲击,2007(01):75-81.

[26] 廖公云,黄晓明.ABAQUS有限元软件在道路工程中的应用[M].南京:东南大学出版社,2008.

[27] 廖红建.岩土工程数值分析[M].2版.机械工业出版社,2009.

[28] 廖秋林,曾钱帮,刘彤,等.基于ANSYS平台复杂地质体FLAC^{3D}模型的自动生成[J].岩石力学与工程学报,2005,024(006):1010-1013.

[29] 刘成宇,唐业清.土力学[M].北京:中国铁道出版社,1993.

[30] 刘国华,王振宇.爆破荷载作用下隧道的动态响应与抗爆分析[J].浙江大学学报(工学版),2004(02):77-82.

[31] 刘娉慧,房后国,黄志全,等.FLAC强度折减法在边坡稳定性分析中的应用[J].华北水利水电学院,2007,28(5):52-54.

[32] 刘尉宁.渗流力学基础[M].北京:石油工业出版社,1985.

[33] 卢廷浩. 岩土数值分析[M]. 北京：中国水利水电出版社，2008.

[34] 栾茂田，武亚军，年廷凯. 强度折减有限元法中边坡失稳的塑性区判据及其应用[J]. 防灾减灾工程学报，2003（03）：1-8.

[35] 罗周全，吴亚斌，刘晓明，等. 基于 SURPAC 的复杂地质体 FLAC^{3D} 模型生成技术[J]. 岩土力学，2008（05）：1334-1338.

[36] 毛坚强. 接触问题的一种有限元计算方法及其在岩土工程中的应用[D]. 成都：西南交通大学，2002.

[37] 明镜. 三维地质建模技术研究[J]. 地理与地理信息科学，2011（04）：14-18.

[38] 齐威. ABAQUS6.14 超级学习手册[M]. 北京：人民邮电出版社，2016.

[39] 沈珠江. 理论土力学[M]. 北京：中国水利水电出版社，2000.

[40] 石亦平，周玉蓉. ABAQUS 有限元分析实例详解[M]. 北京：机械工业出版社，2006.

[41] 史文中. 三维空间信息系统模型与算法[M]. 北京：电子工业出版社，2007.

[42] 汪波，何川，夏炜洋. 爆破施工新建地铁隧道与既有运营地铁的相互动力响应研究[J]. 中国铁道科学，2011，32（05）：64-70.

[43] 王栋，年廷凯，陈煜淼. 边坡稳定有限元分析中的三个问题[J]. 岩土力学，2007（11）：2309-2313.

[44] 王海涛. MIDAS/GTS 岩土工程数值分析与设计：快速入门与使用技巧[M]. 大连：大连理工大学出版社，2013.

[45] 王金昌. ABAQUS 在土木工程中的应用[M]. 杭州：浙江大学出版社，2006.

[46] 吴林高，缪俊发，张瑞，等. 渗流力学[M]. 上海：上海科学技术文献出版社，1996.

[47] 武强，徐华. 三维地质建模与可视化方法研究[J]. 中国科学（D 辑：地球科学），2004（01）：54-60.

[48] 谢承煜，罗周全，贾楠，等. 露天爆破振动对临近建筑的动力响应及降振措施研究[J]. 振动与冲击，2013，32（13）：187-193.

[49] 熊传治. 岩石边坡工程[M]. 长沙：中南大学出版社，2010.

[50] 徐平，周火明. 高边坡岩体开挖卸荷效应流变数值分析[J]. 岩石力学与工程学报，2000，19（004）：481-485.

[51] 徐永福，刘松玉. 非饱和土强度理论及其工程应用[M]. 南京：东南大学出版社，1999.

[52] 许红涛, 卢文波, 周创兵, 等. 基于时程分析的岩质高边坡开挖爆破动力稳定性计算方法[J]. 岩石力学与工程学报, 2006（11）：2213-2219.

[53] 许红涛, 卢文波, 周小恒. 爆破震动场动力有限元模拟中爆破荷载的等效施加方法[J]. 武汉大学学报（工学版）, 2008（01）：67-71.

[54] 许名标, 彭德红. 某水电站边坡开挖爆破震动动力响应有限元分析[J]. 岩土工程学报, 2006（06）：770-775.

[55] 阳生权, 周健, 刘宝琛. 爆破震动作用下公路隧道动力特性分析[J]. 岩石力学与工程学报, 2005（S2）：5803-5807.

[56] 阳生权. 小线间距施工隧道爆破地震影响下既有隧道围岩线性动力分析[J]. 工程爆破, 1998（01）：3-5.

[57] 杨光华, 张玉成, 张有祥. 变模量弹塑性强度折减法及其在边坡稳定分析中的应用[J]. 岩石力学工程学报, 2009（07）：1506-1512.

[58] 杨涛, 马惠民, 代杰, 等. 滑坡稳定性分析点安全系数法的应用条件[J]. 西南交通大学学报, 2011（06）：82-88.

[59] 杨涛, 游湘, 秦永涛. 用点安全系数分析滑坡的空间滑动机理[J]. 西南交通大学学报, 2010, 45（005）：794-799.

[60] 杨涛, 周德培, 马惠民, 等. 滑坡稳定性分析的点安全系数法[J]. 岩土力学, 2010（03）：971-975.

[61] 张庆松, 李利平, 李术才, 等. 小间距隧道爆破动力特性试验研究[J]. 岩土力学, 2008（10）：2655-2660.

[62] 张晓咏, 戴自航. 应用 ABAQUS 程序进行渗流作用下边坡稳定分析[J]. 岩石力学与工程学报, 2010, 29（S1）：2927-2934.

[63] 郑颖人, 赵尚毅. 边（滑）坡工程设计中安全系数的讨论[J]. 岩石力学与工程学报, 2006（09）：1937-1940.

[64] 周德培, 钟卫, 杨涛. 基于坡体结构的岩质边坡稳定性分析[J]. 岩石力学与工程学报, 2008（04）：687-695.

[65] 周世良, 胡晓, 王江. 无限元在岩土工程数值分析中的应用[J]. 重庆交通学院学报, 2004（S1）：61-64.

[66] 周顺华, 毛坚强, 王炳龙, 等. 城市轨道交通地下工程计算与分析[M]. 北京：人民交通出版社, 2014.

[67] 周维垣. 岩体力学数值计算方法的现状与展望[J]. 岩石力学与工程学报, 1993, 12（1）：84-084.

[68] 朱良峰，吴信才，刘修国，等. 基于钻孔数据的三维地层模型的构建[J]. 地理与地理信息科学，2004，20（3）：26-30.

[69] 朱向荣，王金昌. ABAQUS 软件中部分土模型简介及其工程应用[J]. 岩土力学，2004（S2）：144-148.

[70] 朱学愚，谢春红. 地下水运移模型[M]. 北京：中国建筑工业出版社，1990.

[71] 朱正国，孙明路，朱永全，等. 超小净距隧道爆破振动现场监测及动力响应分析研究[J]. 岩土力学，2012，33（12）：3747-3752.

[72] HIBBITT, KARLSSON, SORENSEN INC. ABAQUS/Standard 有限元软件入门指南[M]. 庄茁，译. 北京：清华大学出版社，1998.

[73] 左双英，肖明，续建科，等. 隧道爆破开挖围岩动力损伤效应数值模拟[J]. 岩土力学，2011，32（10）：3171-3176.